疯狂烤箱

从菜鸟到高手

U0241785

梅依旧　著

中国轻工业出版社

图书在版编目（CIP）数据

疯狂烤箱从菜鸟到高手 / 梅依旧著 . — 北京：中国
轻工业出版社，2020.12

ISBN 978-7-5184-1906-7

Ⅰ . ① 疯… Ⅱ . ① 梅… Ⅲ . ① 电烤箱—菜谱
Ⅳ . ① TS972.129.2

中国版本图书馆 CIP 数据核字（2018）第 049613 号

责任编辑：付　佳　　　　　　责任终审：劳国强　　整体设计：锋尚设计
策划编辑：翟　燕　付　佳　　　责任校对：李　靖　　责任监印：张京华

出版发行：中国轻工业出版社（北京东长安街6号，邮编：100740）
印　　刷：北京博海升彩色印刷有限公司
经　　销：各地新华书店
版　　次：2020年12月第1版第4次印刷
开　　本：720×1000　1/16　印张：14
字　　数：250千字
书　　号：ISBN 978-7-5184-1906-7　定价：49.80元
邮购电话：010-65241695
发行电话：010-85119835　传真：85113293
网　　址：http://www.chlip.com.cn
Email：club@chlip.com.cn
如发现图书残缺请与我社邮购联系调换
201381S1C104ZBW

目录

上篇
人人都爱
的烤箱菜 70 款

下篇
不易失败
的烘焙小食 30 款

新手必看 | 各种烘焙详解

Part 5　零基础一学就会的甜点（20 款）　164

Part 6　无添加宝宝放心吃的小零食（10 款）204

01

如何选购烤箱

家用烤箱分类

家用烤箱分为台式烤箱和嵌入式烤箱两种。

台式烤箱好处在于非常灵活，可以根据需要选择不同配置的烤箱，由于品质、配置不同，价格不等。

嵌入式烤箱 是台式小烤箱的升级和终极版。因为其功率较大、烘烤速度快、密封性好、隔热性好、温控准确，受到越来越多人的喜爱。

烤箱的蒸汽功能是必须的吗？

近几年，市场上出现的蒸烤二合一蒸烤箱，它也分为台式和嵌入式两种，集蒸、烤、煮于一身，不单单只有烤的功能了。

优点是可以当蒸箱用，也可以当烤箱使，节省厨房空间。缺点是贵，价格一般都在 2000 元以上。

如果你经常制作欧包，这个蒸汽功能十分必要，在烤制欧包的过程中，需要水蒸气帮助面包膨胀，使表皮酥脆。如果你经常制作烤肉、比萨和曲奇等，就不是非常必要了。

家用烤箱入门配置选择

家用烤箱，应该至少要有以下配置

家用烤箱分为电子烤箱和机械烤箱两种，也就是从烤箱的控温方式来分。

电子控温的烤箱相对于机械控温的烤箱，温控要准。

◎容量：30 升以上，3 层以上。

◎功能：烘烤、发酵（30~60℃可调节）、360 度旋转烤、热风、定时、内置炉灯、预热指示灯。

◎加热方式：上下发热管 + 热风循环。

◎温控方式：电子温控、上下管独立温控调节。

◎烘烤温控范围：30~250℃

哪些功能比较好用

◎电子温控、上下管独立温控调节：对于还没用过烤箱或者刚入门的新手来说，可能不太能感受到烤箱上下管独立温控的意义。在实现上下热管独立加热的基础上，当上下管同时加热时，可以分别设置不同的温度，比如上管温度 150℃，下管温度 180℃。

◎最好有热风循环功能：烤箱内置的风扇让烤箱里的空气流动循环，温度分布会相对均匀一些，特别是烤饼干、曲奇等酥脆口感的食物，热风功能是必不可少的。

◎烤架层数越多越好：最少 3 层烤架，如果烤架层数比较少，可能在面包、蛋糕膨胀后，上表面离发热管越来越近，容易造成面包或蛋糕表面焦煳，而内部和底部却烤不到位。

◎炉灯：可以随时观察烤箱中食物的变化。

◎预热指示灯：设定温度，预热完成后指示灯熄灭，一目了然。

◎8 条发热管（上下各 4 条）：较上下各 2 条发热管的家用烤箱，内部受热不均匀的情况得到很大的改善。

◎发酵功能：发酵温度可在 30~60℃调节。

◎旋转烤叉功能：可以烤一整只鸡，而且受热均匀。

◎不沾内胆，有接渣盘：方便清洗烤箱。

烘焙新手该如何选购第一个烤箱

烤箱究竟该买多大

烤箱容量的选择，三口之家 25~30 升是比较合适的，如果厨房较大，可考虑 30 升以上的烤箱，或者是嵌入式烤箱。容量在 25 升以下的烤箱，因烤箱空间太小，温度难控制，中心与边缘温度相差较大，很容易偏高。

推荐选择 30 升以上的烤箱

温控方式的选择

烤箱按照温控方式分为机械控温和电子控温两种，电子控温的精准度普遍高于机械控温。

> 推荐选择电子控温的烤箱

加热方式的选择

就烘烤的加热方式来讲，主要有两种方式：一种是发热管加热方式；另一种是加热管＋热风循环加热方式。

烤箱的热风作用，主要是使食物在烘烤过程中着色。热量的对流可使食材受热更加均匀，不必在中途取出烤盘调整方向，进而提升成功率。

> 推荐选择加热管＋热风循环加热方式的烤箱

烤箱温度范围选择

家用烤箱的温度范围通常在 30~250℃。主要指最高温能到多少，一般机型都能达到 230℃，这个温度对于绝大部分菜品也够用，但是欧包法棍的制作至少需要 250℃以上。有些烤箱会从 70℃开始，对日常使用没有太大影响。烤箱的低温功能通常用于发酵。如果没有这一需求，70~250℃足够日常使用。

> 推荐选择温度范围在 30~250℃的烤箱

烤箱功能的基本选择

推荐选择的基本烤箱功能（比较好用的功能）有：电子控温，上下管独立温控调节，热风循环功能，烤架层数越多越好，加热管 8 条发热管，内置炉灯，预热指示灯，发酵，旋转烤叉，不沾内胆且有接渣盘。

烤箱智能菜单模式

云食谱一键搞定，下载 APP，绑定烤箱后，可以按照食谱上的步骤进行操作，完成后放入烤箱。然后点一下 APP 上的"一键操作"，剩下的交给烤箱，提高成功率。

家用烤箱使用技巧详解

新烤箱的空烤

　　烤箱在正式使用前，除了检查配备工具、清洁烤箱等常规步骤外，还需要空烤，将烤箱门半开，上下火，温度调至烤箱最高温空烤 20 分钟，这时加热管会明暗交替，伴有烟或异味散出，均属于正常现象。空烤的目的是为了去除烤箱内的油脂和残留物。

使用前的预热

　　每次使用烤箱前要预热，因为恰到好处的温度可以使食物受热均匀，快速定型，同时缩短烘焙时间。预热方法是，如果需要 180℃ 烘烤食物，将烤箱温度调至 180℃，让烤箱空烤 10 分钟左右，当烤箱内部达到 180℃，再放入食物进行烘烤。

※ 切记预热时间不算在烘烤时间之内。

烤箱温度的掌握

　　每台烤箱的温度都不同，有的会偏高，有的会偏低，新入手的烤箱最好要准备一个烤箱专用的温度计，将烤网或烤盘放入烤箱中层，烤箱温度计固定在最中间的位置。测一个烤箱的最高温，测一个 180℃，测一个最低温，充分了解烤箱每个温度段的实际温度，从而减少失败。

烤箱时间的设定

　　按照食谱给出的时间和温度，不同品牌、型号的烤箱，烤箱的显示温度与实际温度会有所差异。使用前最好用烤箱温度计测量，以便根据食谱的烘烤温度与时间进行调整，防止食物烤煳或未熟。

烤箱加热不均匀怎么办

如果烤箱的内部容积比较小，食物在烤焙的时候很容易出现加热不均的现象，内壁侧上色重，外壁侧还没上色。改善加热不均，可以在烘烤过程中将烤盘取出，换个方向再放回去，或者将烤盘里的食物换个位置，在上色过快的食物表面盖一层锡纸，这种方法比较适合肉类、蔬菜、面包、饼干等。

但是，对一些特定的食谱，如蛋糕、泡芙等，不可在烘烤中途开门，打开烤箱门会导致烤箱内部的温度急剧下降，可能出现馅料未凝固、糕体中心塌陷、膨胀不彻底等问题。

※ 烤箱越大，加热不均匀的情况越轻，这也是不推荐买小烤箱的原因之一。

防止烤箱的内壁溅上油渍

在烤箱中高温加热的食材，如果表面有较多水分，也会造成油渍飞溅。因此，需要高温烘烤的食材，进烤箱前最好先擦干。

烤箱的清洗

每次用完烤箱之后，一定要及时做好清洁工作。清洁烤箱前，先拔掉插头，并等待烤箱完全冷却后再进行。

首先将小苏打和清水混合至黏稠状态，将混合物均匀抹在烤箱内部和玻璃门上，放置3~5小时。戴好橡胶手套，用柔软的湿布或海绵将小苏打混合物擦拭掉。

然后将白醋倒在喷雾瓶内，喷洒在擦拭后的表面，可以显现出小苏打残留物，再次用湿布进行擦拭，并用厨房纸巾擦干。

在清洁时，不要使用尖锐的清洁工具，以免损伤烤箱内壁。烤箱顶部可以将浸透了洗涤剂的厨房纸粘在烤箱顶部，静置一段时间后再清洁，比直接擦洗更有效。烤箱加热管也需要定期清洗，可以使用柔软的湿布将上面的油污擦洗干净。

清除烤箱异味

两个橙子就能解决问题：将橙子洗净，用刀切下橙皮，橙皮上要带些果肉，然后放入已经预热好的烤箱中，170℃烤5~8分钟。选择带果肉的橙皮，是因为这样烤出来的橙皮会更清香，可以有效地去除烤箱中的异味儿。

别急着走！还有烤箱常见问题 123

Q₁ 烤箱有三层，该用哪一层呢？

一般用烤箱中层来烘烤，如果烤箱是双数层（如 4 层、6 层），则建议用中间偏下的那层来烤，让食物离上下发热管的距离基本相等，保证上下均匀受热。

Q₂ 烤箱有四层，可以三层同时烤吗？

对于 30 升左右的台式烤箱来说是不行的，烤箱内部的热循环会不充分，即使开了热风循环功能也不行，很难保证每一层都能均匀地受热，还是老老实实一盘一盘烤吧。

如果用的是大烤箱或者专业烤箱，并且烤箱的热风循环功能超级棒，也可以多盘一起烤。

Q₃ 烤箱烤食物总是有的颜色深、有的颜色浅，是怎么回事？

台式烤箱上色不均匀，只要不太严重不是毛病，在烘烤后期如果观察到食物上色不均匀，可以将烤盘拿出，迅速调转方向再放入。所以建议大家一开始就购买容量大点的、质量较好的烤箱，上色会均匀。

Q₄ 烤箱烤食物总是上面焦了而下面才刚刚好，怎么办？

如果是烤盘、烤网离上发热管太近，可以将烤盘或烤网下移一层。如果下火不够大，可以适度调高下火、缩短烘烤时间。如果下火无法单独调节的话，可以尝试同时调高上下火，食物表面上色后，可以在上面加盖锡纸。

Q₅ 烤箱没有下发热管，底部是平板，但烤好的东西下面都能上色，是怎么回事？

烤箱用了下发热管隐藏的设计，本书中用的东菱 DL-K40C 岩烤烤箱，它的烤箱底部是岩烤聚热板，隐藏式加热管，平板烤立方，空间更大，比热风烤箱加热更均匀，搪瓷内胆更容易清洗。

Q₆ 烤箱加热的时候，为什么加热管会时明时暗？

烤箱是靠发热管工作升温，发热管在升温时就会变成红色，达到预设温度后，发热管就会停止工作，发热管又会变暗，烤箱温度降低，发热管再次工作，再次变红，如此反复，都是正常的现象。

Q₇ 烤箱在使用过程中会偶尔发出很大的响声，正常吗？

由于热胀冷缩，烤箱的外壳可能会由于膨胀而偶尔发出声音，并不是烤箱出现故障了，是正常的。

03 基本原料

家用烤箱常用食材与调味品

　　说到烤箱料理，除了千变万化的烘焙之外，鸡鸭鱼肉、牛羊海鲜、蔬菜水果，只要合理搭配，无所不能，没有烤箱不能搞定的，特别是肉类，是烧烤主力军，也是烧烤的明星，懒人可以直接买半成品肉串来烤。其实自己腌制，风味更佳。

羊肉：最适合烤串的是羊腿肉，切成小块穿成串烤，羊排、羊腿可整块烤。

猪肉：最适合烧烤的是肋排、五花肉、里脊。

牛肉：可选择牛肋排骨，鲜嫩而有韧性，牛肩肉是最容易烤熟的嫩肉。牛肉不宜烤至全熟食用，会破坏肉质的鲜嫩。

鸡、鸭肉：任何部位都是烧烤的好材料，烤前若用柠檬水浸泡一下，既去腥，还能使肉质更鲜嫩。另外，还有半加工的鸡翅、鸡柳、鸡胗等也是烧烤的美味。

腌制肉类：午餐肉、香肠、腌肉、培根，烘烤后搭配早餐，别有一番风味。

海鲜类：鲜鱼、鱿鱼、鲜虾、海带、墨鱼仔、大闸蟹、刀鱼、鳝鱼、生蚝（牡蛎）、鲜贝等。

> 烤海鲜的技巧 – 最好用锡纸包起来，这样不易烤焦，也容易保留鲜美的原汁。

蔬菜类：茄子、玉米、空心菜、韭菜、青椒、生菜、西蓝花、金针菇、蘑菇、洋葱、土豆、红薯、大蒜、藕、芋头等。

> 烤蔬菜的技巧 – 用厨房纸吸干水分或晾干再烤，刷上橄榄油，一不易烤焦，二保护了蔬菜里面的水分和维生素。

豆制品：豆腐皮、豆腐干、豆腐、腐竹、素鸡等。

蛋类：鸡蛋、鹌鹑蛋等。

水果类：香蕉、菠萝、苹果等。

其他：板栗、吐司面包、小馒头、春卷、馄饨、烧卖、锅贴、油条、蒸饺、小烧饼、熟的小包子、年糕等。

　　食材在烤烘中，时间越长，水分和油脂的流失越大，口感越干。因此在烘烤中在食材上适量刷些植物油、烧烤酱，可保持食物湿润度，但是酱料不要一次刷得过多。

调味品：中式菜品的有生抽、甜面酱、蚝油、老抽、豆瓣酱、沙茶酱、叉烧酱、海鲜酱、糖、盐、米酒、姜、蒜等。西式菜品的有黄油、黑胡椒、白胡椒、迷迭香、马苏里拉奶酪、百里香、欧芹、意大利混合香草、番茄酱、番茄沙司等。

烘焙基本原料

高筋面粉、中筋面粉、低筋面粉

面粉根据其蛋白质含量的不同，分为高筋面粉、中筋面粉和低筋面粉。

高筋面粉 又称强筋面粉，蛋白质含量在 12% 以上，因蛋白质含量高，所以它的筋度强。高筋面粉常用来制作面包以及部分酥皮类点心、泡芙等。

中筋面粉 蛋白质含量在 8.0%~10.5%，颜色乳白，介于高、低粉之间，半松散状。一般中式餐点都会用到，比如包子、馒头、面条等。

低筋面粉 蛋白质含量在 6.5%~8.5%，颜色较白，用手抓易成团，蛋白质含量低，麸质也较少，因此筋性小。适合用来做蛋糕、松糕、饼干以及挞皮等需要蓬松酥脆口感的西点。

奶制品

奶粉 将牛奶除去水分后制成的粉末，添加在面包、饼干、蛋糕中，能起到增加风味的作用。

牛奶 牛奶是烘焙中用的最多的液体原料，它常用来取代水，既具有营养价值，又可以提高蛋糕、面包的品质。

酸奶 以新鲜的牛奶为原料，经过巴氏杀菌后再向牛奶中添加有益菌，经发酵后，冷却灌装的一种奶制品。

动物淡奶油 也叫稀奶油，有的配方里也称为鲜奶油，油脂含量通常为 35% 左右，易于搅拌打稠，常用来做蛋糕裱花，也可用于面包和夹馅的制作，是烘焙中常用的原料之一。

※ 不推荐使用：另有一种植物奶油，它是动物淡奶油的替代品，主要是以氢化植物油来取代乳脂肪，含大量反式脂肪酸，对身体危害较大，可以被人体吸收，但无法被代谢出去。

奶油奶酪	英文名为 cream cheese，是一种未成熟的全脂奶酪，色泽洁白，质地细腻，口感微酸。奶油奶酪脂肪含量在 35% 左右，主要被运用于奶酪蛋糕的制作，也可作为馅料的原料。

油脂

一种是动物油：黄油、猪油。

动物黄油	也有的食谱称为奶油，烘焙中用到的多是无盐黄油，因为无盐黄油的味道比较新鲜，有甜味，烘焙效果较好。
植物黄油	植物黄油是一种人造黄油，也称为麦琪林，可代替动物黄油使用，价格也较低，但味道不如动物黄油好，且富含反式脂肪酸。酥油、起酥油等就属于植物黄油。
猪油	由猪的脂肪提炼出来的一种油脂，可用于中式酥皮点心的制作。把猪板油切成块，空锅翻炒，就会熬出透明的猪油。

另一种是植物油：花生油、大豆油、玉米油、葵花子油、橄榄油、色拉油等。

玉米油、葵花子油、色拉油	最常用在戚风蛋糕或海绵蛋糕中，而花生油等其他液态油脂因为本身味道比较重，所以不太适合制作蛋糕。
橄榄油	有些食谱会在制作面包时在面团中加入橄榄油，比较健康，但味道比较淡。

酵母、泡打粉、小苏打、塔塔粉

酵母	面包发酵常用的酵母有新鲜酵母、干酵母和速溶酵母三种。市面上最常见的是速溶干酵母（也称高活性干酵母）。做面包一般选用耐高糖高活性干酵母和普通装干酵母，在实际运用中，两者并没有什么差别。用量要根据季节相应调整，夏季温度高，发酵快，酵母的用量为面粉量的 1% 即可；冬季温度低，酵母的用量要相应加大，为面粉量的 2% 即可。

泡打粉	是一种复合膨松剂，又称发泡粉和发酵粉，在烘焙里主要作为蛋糕的膨松剂来使用。
小苏打	是一种化学膨松剂，学名叫碳酸氢钠。它在遇到水或者酸性物质时会释放出二氧化碳，从而使面团膨胀。使用小苏打的时候要注意，调制好的面糊要立即进行烘焙，否则二氧化碳气体会很快流失，膨大的效果就会减弱。
塔塔粉	是制作戚风蛋糕的可选原料之一，一般在打发蛋白的过程中添加。它属于化学膨松剂的一种，建议大家最好不用。可以用白醋或者柠檬汁等酸性原料代替。

鸡蛋

鸡蛋	它在烘焙中有非常重要的作用，可以提升成品的营养价值、增加香味、乳化结构、增加金黄的色泽、具有凝结作用、作为膨松剂使成品增加体积等。

糖

细砂糖、绵白糖、糖粉、红糖、蜂蜜、焦糖、转化糖浆和麦芽糖等。

细砂糖	细砂糖的主要成分是蔗糖。在烘焙中一般使用细砂糖，它的颗粒细小，更易化，而且能吸收更多的油脂。粗砂糖一般用来制作糖浆，粗颗粒的结晶反而比细的更纯，所以做出的糖浆更晶莹剔透。
绵白糖	是细小的蔗糖晶粒在生产过程中喷入了 2.5% 左右的转化糖浆，它的水分高，更绵软，适合直接食用而不适合做甜点。
糖粉	是砂糖磨成粉，并添加了少量淀粉防止结块。一般用于糖霜或奶油霜饰和产品含水较少的品种中。
红糖	在制作某些甜点时使用，并不频繁。

蜂蜜	蜂蜜是芳香而甜美的天然食品，常用于蛋糕、面包的制作，除了可增加风味外，还可以起到很好的保湿作用。
焦糖	砂糖加热化开后使之成棕红色，用于增香或代替色素使用。
转化糖浆	砂糖经加水和加酸煮至一定的时间和温度后冷却而成。此糖浆可长时间保存而不结晶，多用在中式月饼皮、萨其马和各种代替砂糖的产品中。
麦芽糖	又称饴糖、水饴，由淀粉经发酵或酸解作用后得到的产品。内含麦芽糖和少部分糊精及葡萄糖。

盐

盐是烘焙面包必备的调味剂，盐的用量虽小，但极其重要。盐可控制面团发酵，加入一定量的盐，可调节酵母的发酵速度。盐的添加量一般为面粉量的0.8%~2.2%。

辅助类烘焙粉

风味粉类

在甜品的配方中，会看到全麦粉、燕麦粉、黑麦粉、小麦胚芽粉、可可粉、抹茶粉等。这些都是制作甜品时为增加风味添加的粉类，它们可替代一部分面粉使用。

淀粉类

玉米淀粉	是从玉米粒中提炼出的淀粉。玉米淀粉有较好的黏性，在做派馅时会用到。此外，玉米淀粉按比例与中筋面粉相混合，是蛋糕粉（低筋面粉）的最佳替代品，用以降低面粉筋度，增加蛋糕松软口感。

土豆淀粉	是由土豆加工而成的，它是所有淀粉中黏性最好的，可以用于各种烘焙和油炸食品中，有出众的酥脆口感。烘焙饼干时，加入适量的土豆淀粉，可以让饼干更酥。
木薯粉	从一种热带植物的块根中提取的淀粉，可用于面包、饼干、糖果等中，它还是牛奶布丁的主要成分。

巧克力

巧克力的颜色不同，所含的可可脂含量不同。颜色较黑的巧克力可可脂含量多，且糖的含量极少，制作巧克力蛋糕味道浓郁；颜色较浅的巧克力可可脂含量少，味道较前者淡，口味较甜。

巧克力砖	常用来刨成巧克力丝，既可装饰蛋糕，也可作为烘焙原料。
巧克力豆	把巧克力制成颗粒较小的巧克力豆，在制作时常被作为烘焙辅料加入蛋糕、面包、饼干中。
巧克力币	主要作为烘焙原料使用，常隔水加热化成巧克力浆，用来裹饼干，或者淋在蛋糕表面作为装饰。

小专栏　烤箱酱汁巧调制——15款烤肉酱

烤肉酱配方以500克食材为例，用酱烤的菜品原则上不用盐，调味料量的多少可依据自己的口味调整。

1 - 叉烧烤肉酱

原料：叉烧酱200克，生抽、鱼露各15克，蚝油20克，白砂糖10克，蜂蜜、黄酒各30克。

做法：混合所有原料，搅拌匀，微波炉高火加热直至黏稠。也可以用锅煮，放凉备用。

2 - 孜然烧烤酱

原料：孜然粉、孜然粒各 30 克，甜面酱 20 克，辣椒酱 15 克，辣椒粉 10 克，盐 3 克。

做法：混合除孜然粒的其他原料，搅拌均匀，腌制肉类食材，烤制时撒孜然粒。

3 - 黑椒烧烤酱

原料：黑胡椒烧烤酱 30 克，料酒、蚝油各 15 克，黑胡椒碎、白砂糖各 5 克，橄榄油、洋葱末、蒜末各 10 克。

做法：将以上除黑胡椒碎之外的所有原料均放入碗中，调匀制成腌制酱料，黑胡椒碎烤制时撒在表面。

4 - 照烧酱

原料：味淋 70 克（可用糯米酒代替），酱油 30 克，白糖 40 克，蚝油 15 克，料酒 50 克，大料 1 个，饮用水 60 克，大蒜 1 瓣，姜 2 片，洋葱 1/3 个，肉桂 1 小块。

做法：所有原料放入小锅中，大火煮开，小火煮 20 分钟至汤汁略浓稠，捞出所有干料，只保留汤汁。

5 - 红酒烧烤酱

原料：红酒 50 克，迷迭香、意大利综合香草各 5 克，蒜末、姜末各 10 克，蜂蜜、烤肉酱各 15 克，盐 4 克，黑胡椒碎 3 克。

做法：将以上所有原料均放入碗中，调匀即可使用。

6 - 蜜汁烧烤酱

原料：甜面酱 30 克，蚝油、生抽、料酒、蜂蜜各 15 克，白砂糖 8 克，胡椒粉 3 克。

做法：将以上所有原料均放入碗中，调匀即为腌料，也可用作刷酱使用。

7 - 咖喱烧烤酱

原料：烤肉酱 30 克，咖喱粉、料酒各 10 克，生抽 15 克，姜粉、白胡椒粉各 2 克，盐 4 克，食用油 5 克。

做法：将以上所有原料均放入碗中，调匀即可使用。

8 - 蒜香烧烤酱

原料：烤肉酱 30 克，蒜蓉 40 克，辣豆瓣酱 20 克，蚝油、孜然粉各 10 克，盐 3 克，白砂糖 5 克，食用油适量。

做法：将以上所有原料均放入碗中，调匀即可使用。

9 – 海鲜烧烤酱

原料：海鲜酱 30 克，候柱酱、鲜味生抽、鱼露各 10 克，白砂糖 5 克，凉白开 40 克。

做法：将所有原料混合搅拌均匀至化即可。

10 – 沙爹烤肉酱

原料：沙茶酱 30 克，蚝油、白砂糖各 10 克，虾粉、味极鲜生抽各 15 克，盐 3 克，椰汁 50 克。

做法：将以上所有原料均放入碗中，调匀即可使用。

11 – 黄芥末烤肉酱

原料：黄芥末子酱 20 克，酱油、调味米酒、蜂蜜各 10 克，橄榄油 15 克，胡椒粉 2 克，盐 3 克。

做法：所有原料放入碗中调匀即可。用于肉类、蔬菜类烤熟蘸取食用。

12 – 韩式烧烤酱

原料：韩式辣酱 30 克，白砂糖 5 克，蚝油、鱼露、韩国辣椒粉各 10 克，味极鲜酱油 15 克。

做法：所有原料放入碗中调匀即可。

13 – 泰式烧烤酱

原料：泰式甜辣酱 40 克，鱼露、生抽各 15 克，椰奶 20 克，柠檬汁 5 克，料酒 10 克，胡椒粉、盐各 3 克。

做法：将所有原料倒入碗中混合均匀即可。

14 – 麻辣烤肉酱

原料：辣豆瓣酱、蒜末、饮用水各 20 克，花椒粉、孜然粉、酱油、白砂糖各 10 克，五香粉、朝天椒粉各 5 克，料理米酒 15 克。

做法：将所有原料倒入碗中混合均匀即可。

15 – 烤肉酱

原料：黄豆酱 20 克，甜面酱、蚝油、白砂糖、食用油各 10 克，番茄酱、烧烤孜然（有粉和粒的那种）各 15 克，盐 2 克。

做法：所有原料混合均匀，既可作为腌料使用，也可用作刷酱。喜欢辣的可以加适量辣椒粉。

04 基本工具

烤箱美食不败利器：18 种必备工具

1 - 烤箱

烤箱的选购：若是希望能烤出各种丰富多彩的美食，最好购买一台容积在30升以上的烤箱，烤箱越大，加热相对越均匀。烤箱越小，加热不均匀的情况越严重，这也是不推荐买小烤箱的原因之一。

烤箱的基本功能：有上下两组加热管，并且上下加热管可同时加热，也可以单开上火或者下火加热，能调节温度，具有定时功能、发酵功能。发酵功能用于面包的二次发酵非常方便。

2 - 量具

厨房秤：做烘焙绝对不可以少的工具。烘焙不同于中餐，烘焙更着重于量的精准，各配料的比例一定要准确。挑一个精度达到 0.1 克，能单位转换、有去皮功能的厨房秤，有了它，你就成功了一半。

量勺：称量少量材料，量勺更为准确和方便。推荐购买一套装，一般为四个或者五个一套，分别为：1 毫升、2.5 毫升、5 毫升、7.5 毫升、15 毫升。

3 - 打蛋器

有手动打蛋器及电动打蛋。打发蛋白、蛋黄、黄油、淡奶油，都不是手动打蛋器一时半会儿打得出来的，因此最好备一个电动打蛋器。电动打蛋器功率最好在 300 瓦，功率小的效率非常低。若只需要简单搅拌的食材，使用手动打蛋器会更加方便快捷。

4 - 橡皮刮刀、刮板

橡皮刮刀：适合用于搅拌面糊，刀面能把打蛋盆边上的原料刮一起，别的工具代替不了。

刮板：用于刮取面团和分割面团，它也可以协助把整形好的小面团移到烤盘上去。有塑料和不锈钢材质的，有两边平行和一边带圆弧的，带圆弧的刮板方便刮取面盆里的面团。如果分割起酥面团，不建议使用刮刀，因为它没有韧，不锋利，切下去会破坏起酥面团的层次。

5 - 不锈钢盆、玻璃碗

打蛋用的不锈钢盆或大玻璃碗至少准备 2 个以上，打蛋或者和好的面团、拌好的馅料总得有个家伙什盛着。

6 - 擀面杖、案板

擀面杖：面包整形必备。带颗粒的排气擀面杖对大面团，比如面包卷的面团，能够更快、更均匀地排出气泡。普通擀面杖对小面团，比如小型花式面包和吐司的整形很容易擀出气泡。

案板：推荐使用金属、塑料、硅胶案板，这些和木质案板比起来，更不易粘。

7 - 面粉筛、毛刷

面粉筛：用于面粉过筛，可以除去面粉内的小面粉颗粒，避免结块，使成品更细腻。如果原料里有可可粉、泡打粉、小苏打等其他粉类，和面粉一起混合过筛，有助于让它们混合得更均匀。

毛刷：用于在面包表面刷蛋液或油类，也可以刷去面团表面多余的面粉。推荐硅胶刷，使用时不会像棕毛刷掉毛。

8 - 锡纸、油纸、不粘油布、保鲜膜

油纸和不粘油布用来垫烤盘防粘用。

锡纸：烤含油脂的面包时防粘的效果非常好，防止水分流失。烘烤过程中，食物上色后在表面加盖一层锡纸还可以起到防止上色过深的作用。不适合烤不含油脂的欧式面包，会揭不下来。锡纸有亮面和哑光面，要用哑光面接触食物。

保鲜膜：基础发酵和中间发酵时可用保鲜膜覆盖面团，避免干燥。

9 - 裱花嘴、裱花袋、裱花转台

裱花嘴：可以用来裱花，做曲奇、泡芙，也可以用来挤出花色面糊。不同的裱花嘴可以挤出不同的花形。可以根据需要购买单个的裱花嘴，也可以购买一整套。

裱花袋：有 3 种，一次性的比较方便，用过后不需清洗，但质量稍差，挤饼干面糊时容易破裂。布制的裱花袋可以多次使用，结实，但是透油，清洗起来有点麻烦。硅胶裱花袋，除了用来给奶油蛋糕裱花，还可以挤曲奇饼干面糊，非常结实，可清洗，能反复使用。

推荐使用：硅胶裱花袋

裱花转台：制作裱花蛋糕的工具。将蛋糕置于转台上可以方便淡奶油的抹平及进行裱花。

10 – 不粘锅、小奶锅、巧克力加热锅

烘焙时需要制作一些糖浆或馅料的，由于家庭制作的量不会太大，有一个深奶锅会非常实用。在熬果酱等一些含糖量较高的酱汁的时候，建议选择不粘锅，否则很容易煳底，清洗起来也会很痛苦。

巧克力加热锅：巧克力是绝对不可以直接隔着锅用火加热至化的，而是用隔水加热法将其化开。

11 – 各种刀具

面包割口刀：有专用的更好，若没有可选用锋利点的小刀，比如手术刀片、剃须刀片、美工刀片等，可以迅速划开面团，且不粘面团。

锯齿刀：用于切割成品面包，分粗齿和细齿两种，粗锯齿刀用来切吐司，细锯齿刀用来切蛋糕。根据需要选购。

轮刀：通常用来切比萨，也可以和直尺搭配，用来切割面坯。

刀具在学习烘焙的初级阶段，不要购买太多。用家中普通的刀具即可，过于专业的刀具对烘焙初学者来说完全没有必要。

12 – 烤盘

烤盘的尺寸和形状也各不相同，推荐 28 厘米 ×28 厘米金色不粘烤盘，一盘可多用。也可根据自家烤箱的大小选择。

13 – 烤网

将烤好的食物放置在上面凉凉。

14 – 蛋糕圆模

8 寸或 6 寸蛋糕圆模至少要有一个。购买活底模会更容易脱模，制作戚风蛋糕的话，不要购买不粘的蛋糕模。

15 – 陶瓷烤模

陶瓷烤模的造型也多种多样，最常用的是小圆形的模子，可以用来做舒芙蕾等小甜品。

16 – 挞模、派盘

制作派、挞类点心的必要工具。派盘、挞模规格很多，有不同的尺寸、深浅、花边，可以根据需要购买。建议 8 寸派要买一个，小型的派盘准备 4~5 个，用来烤制水果挞等。

17 – 饼干模

造型很多，不妨多买一些，做出更可爱的饼干。除了做饼干，这些模具也可以在日常雕刻水果和蔬菜，给菜品增加趣味性，尤其深得小孩子的喜爱。

18 – 吐司模

制作吐司，它是必备工具，家庭用建议购买 450 克规格的吐司模。

工具、模具永远没有买完的时候，宁缺毋滥，按需购买，最重要的是物尽其用。如果模具非不粘模，需要事先涂油防粘，涂的油是黄油，不要化开，手里拿一小块黄油涂抹均匀即可。

01 烤箱做菜问答

Q₁ 微波炉烧烤功能和烤箱有区别吗?

原理不同:微波炉烧烤功能是发出微波,从食物内部给食物加热。烤箱则相反,是通过红外线从外部给食物加热。微波炉烧烤功能做蛋糕和面包,效果没有烤箱好。

Q₂ 用烤箱做菜有哪些好处?

不用放油,或者少用油,很健康。比如烤肉,不放油,烤的过程中肉本身的油脂会析出一些,去掉了很多油分,所以比油炸或焖烧的做法,让我们少吃很多油脂。

烤箱菜不比用锅烧菜那样难掌握火候。烤箱菜都有很精确的菜谱,有详细的烤制温度和时间,不容易失败,适合菜鸟下厨。

Q₃ 用小烤箱烤肉时,怎么样才不会把肉烤焦?

小烤箱烤肉时,可在烤箱里放一只耐高温的盛有水的器皿,烤箱内温度升高,水变成水蒸气,防止烤肉焦煳。

Q₄ 烤箱为什么要用锡纸?

作为烤盘的垫纸,用来垫在烤盘上避免烤盘与食物直接接触,防止食物粘在烤盘上,免去了清洗烤盘的麻烦。

在烤肉或海鲜等的时候可以用锡纸把食材包起来,防止水分流失,保持食材的新鲜口感。烤易煳的食物时可以用它把食物包起来,防止烤焦。

另外一个妙用是在烤蛋糕或者面包时,为了不让表面颜色太深,可以在食物上色后在表面盖上一层锡纸。

Q₅ 到底要不要腌肉?

烤肉需不需要提前腌制,这个问题是有争论的,其实这要看个人喜好了。腌,则吃的是调味,黑椒味、蜜汁味、麻辣味等,有自己动手的乐趣。不腌,一点盐、一点孜然、一点辣椒粉,味道就全出来了。

Q6 自己在家做烤肉怎么腌制?

自己可以用各种调料来调制烧烤酱汁,如果觉得配料太麻烦了,如今超市里有各种烧烤酱料,原味的、黑椒的、麻辣的……各种品牌,进口的、国产的应有尽有,直接按比例把料和肉混合腌制就行。

Q7 烤肉类为什么要刷油?

烘烤过程中的高温会导致肉类汁水和油脂的流失,所以在进烤箱前刷一层油,以保持肉的汁多鲜嫩。

Q8 烤肉刷油要怎么刷、刷多少?

肉类食材中油脂多的就不要刷油了,如五花肉等,刷油只是薄薄的一层,不宜过多,油刷多了高温烘烤会出烟,烟里含有害物质,既污染环境又损害健康。

Q9 哪类蔬果适合烘烤?

以根茎类、菌菇类、汁少质地较硬的蔬果为主,例如玉米、青椒、菠萝、香蕉等。

Q10 哪种材质的容器可以进烤箱?

耐高温的容器才可进烤箱,没有特别标出耐高温的陶瓷或玻璃器皿,也不建议在烤箱中使用。硅胶容器会标明耐高温,但是使用前一定要确认可耐受温度范围。

Q11 铸铁锅可不可以进烤箱?

不是所有铸铁锅都能进烤箱。部分珐琅铸铁锅会使用塑料零部件,无法整体耐受烤箱高温。如果铸铁锅体积太大,距离加热管过近,也不建议放入烤箱。

Q12 油纸和锡纸的区别是什么?

油纸也叫烘焙纸,主要用于烘焙,通常铺在烤盘或模具底部,起到防粘、便于脱模的作用。锡纸多用于烤箱料理时包裹食材,一方面起到密封作用,另一方面具有较好的导热效果。

Q13 冷藏的食材怎么烤?

冷藏的食材不要直接放入烤箱,会迅速使烤箱内温度降低 10~20℃。如果没有充足的时间让食材升至室温,可以将预热温度适当调高,待放入食材后,再重新设定成实际需要的温度。

烤箱菜健康吃的小妙招

1 - 包裹锡纸

特别是烤肉时，外面用锡纸包裹，肉在锡纸内形成蒸的空间，连蒸带烤，避免温度上升过快，使肉表面水分过度散失，还可减少有害物质产生。

2 - 选择脂肪少的肉类

要选择脂肪少的瘦肉类，如猪里脊、鸡胸肉或鱿鱼、生蚝等海鲜。

3 - 巧刷烧烤酱料

烧烤时，肉类最好用酱汁先腌过再烤，不要边烤边刷酱汁，以免太咸或太辣。不妨自制烤肉酱或把成品烤肉酱加水稀释后使用。

4 - 控制海鲜类的烘烤时间

扇贝等海鲜只加蒜蓉、不放酱汁来烤，尽量烤得久一些，以免外熟里生。最好加一些蒜末、芥末等具有杀菌作用的调料，不仅味道好，还可减少致癌物的产生。

5 - 降低烘烤温度

烘烤并不是温度越高越好，烘烤温度不要超过 220℃，温度太高容易产生致癌物，也会破坏食物中的营养物质。把烘烤温度调低，通过延长烘烤时间的方法同样可以烤出美味食物，虽然口感、味道与原本高温烤出的相比可能会有一点点不同，但影响不大。如果必须用高温烘烤时，尽量缩短时间，不宜长时间烘烤。

6 - 烤肉用菜卷着吃

烤肉用生的绿叶菜裹着烤肉吃，新鲜蔬菜与烤肉搭配食用，能大大降低致癌物的毒性。或者用甘蓝、西蓝花、菜花等十字花科拌个凉菜，搭配食用不仅爽口解腻，还有助于排出烧烤中的致癌物。

7 - 少饮酒多饮茶

最好配上温热的大麦茶或绿茶，解腻又保护肠胃。还应避免冷热交替吃。

Part 1 多滋多味的
肉类

26 款

孜然烤羊腿

饭店里的烤羊腿都是外焦内嫩、干酥不柴。那么在家中如何做到这点呢？最省事的办法就是先把羊腿放入锅中煮熟，省去腌制的时间和长时间的烤制，避免水分过多流失，这样烤好后的羊腿才外焦里嫩。

做法

1 羊腿洗净放入锅中，锅内放适量水，放入花椒、大料、葱段、姜片、料酒、盐大约煮40分钟。

2 生抽、甜面酱放入调料碗中，调成酱汁。

3 铺锡纸，放上煮熟的羊腿，在羊腿上划几刀，表面刷酱汁，两面都要刷匀。

4 撒上孜然粉、孜然粒、辣椒粉，两面都要撒。

5 用锡纸包严。

6 预热烤箱220℃，待烤箱预热好后，将羊腿放入烤箱，上下火，中层，烤35分钟。然后再将烤箱调至180℃，上下火，中层，烤25分钟。烘烤时间依据羊腿的大小和自家烤箱来调整。

食材

羊腿1只（约3斤）。

调料

葱段8克，姜片6克，大料2个，花椒5克，甜面酱30克，料酒、孜然粉、辣椒粉各10克，孜然粒、生抽各15克，盐5克。

烘焙

烤箱中层，上下火，分别是：220℃，约35分钟；180℃，约25分钟。

厨房小语

1 可以将羊腿里的骨头剔出来，直接烤肉。

2 先将羊腿煮熟或者煮至八成熟，然后包锡纸再烤，肉质比较软嫩，也节省烤制的时间，这样做可防止长时间烤制造成水分流失使口感干硬。

烤羊肉串

很多人在家烤羊肉串时，会遇到一个问题，就是羊肉口感稍柴。解决的方法就是在进烤箱之前，在每串肉串上刷一层食用油，这样烤出的羊肉串口感鲜嫩肥美。

食材

羊腿肉 400 克。

调料

盐 2 克，蚝油 10 克，辣椒酱、孜然粉、食用油各 15 克。

烘焙

烤箱中层，上下火，180℃，约 15 分钟。

厨房小语

在烤架下端放一个烤盘，用以接住羊肉串在烤制时滴下的油脂。烤架下端的烤盘阻隔了热量，在烤制过程中将羊肉串翻面。

做法

1 羊腿肉洗净，切小块，放入盆中，调入盐、辣椒酱、蚝油拌匀。

2 再加入孜然粉拌匀，腌制 2 小时。

3 将腌好的羊肉块穿成串，放到烤架上，刷上食用油。

4 预热烤箱180℃，待烤箱预热好后，放入烤架，上下火，中层，烤 15 分钟左右即可。

红酒香草
烤羊小排

用红酒来烹饪肉类，不仅能够去异味增香，肉质还很鲜嫩味美，色泽诱人，令人垂涎。

做法

1 将所有调料放入小碗中，混合均匀。

2 把羊小排洗净沥干水分，放入腌肉料中腌制4小时以上。

3 洋葱、土豆洗净，去皮切块，放入烤碗中。

4 将腌好的羊排放到烤碗中。

5 预热烤箱190℃，待烤箱预热好后，将羊排放入烤箱，上下火，中层，烤20分钟，中间翻面一次，刷剩余料汁，继续烤20分钟左右即可。

食材

红酒50克，小羊肋排2根，洋葱半个，土豆1个。

调料

迷迭香、意大利综合香草各5克，蒜末、姜末各10克，蜂蜜、烤肉酱各15克，盐4克，黑胡椒碎3克。

烘焙

烤箱中层，上下火，190℃，约40分钟。

厨房小语

烤羊排的时间和熟度根据羊排的大小和个人喜好来决定，烤箱的温度也根据自家烤箱来调整。

很多人都喜欢用黑胡椒烹饪菜肴，也许是因为黑胡椒惊艳的口感吧。

黑椒牛肉串

食材

牛里脊肉 350 克，红、黄、绿彩椒各半个。

调料

黑椒烧烤酱 20 克，盐 3 克，料酒 15 克，食用油 5 克，现磨黑胡椒碎适量。

烘焙

烤箱中层，上下火，210℃，约 12 分钟。

厨房
小语

1 烘烤时间不要太长，牛肉不要切太厚，烤大约 12 分钟，老了就不好吃了。我用的是不粘烤盘，普通烤盘要记得铺锡纸。

2 黑椒烧烤酱是成品酱料，超市有售。烤好的牛肉串撒上现磨的黑胡椒碎更好吃，能吃辣的多撒一点，牛肉串的味道会更浓郁。

做法

1 牛肉切成小块，放入碗中，加入黑椒烧烤酱、盐、料酒拌均，腌制 1 小时。

2 彩椒切成与牛肉一样大小的块。

3 将腌好的牛肉块与彩椒穿起来，普通烤盘要铺上锡纸，上面放烤网后再放上肉串，刷上一层食用油。

4 预热烤箱 210℃，待烤箱预热好后放入肉串，上下火，中层，烤 12 分钟左右。烤好的牛肉串撒上现磨的黑椒粉碎即可。

牛肉饼

单独吃肉饼已经非常鲜嫩多汁了。如果搭配喜欢的蔬菜、奶酪、沙拉酱制成汉堡牛肉饼，立刻变身为一款美味的主食。

做法

1 牛肉绞成馅，放入碗中；黄油隔水化开，与牛奶、料酒、黑胡椒粉、盐一起加入肉馅中，用筷子顺同一方向用力搅拌至上劲。

2 鸡蛋、淀粉放入肉馅中，继续用筷子顺同一方向用力搅拌。

3 大蒜、洋葱切成碎末，放入碗中，搅拌均匀。

4 烤盘铺好锡纸，刷油。用手取适量拌好的肉馅，拍成厚约1厘米的圆形肉饼，放进烤盘排好。

5 预热烤箱200℃，待烤箱预热好后放入牛肉饼，中层，上下火，烘烤15分钟，取出翻面，再继续烤10分钟。烘烤时间根据自家烤箱和肉饼的厚度调整。

食材

牛肉350克。

调料

黄油15克，洋葱、牛奶各25克，大蒜3瓣，料酒10克，鸡蛋1个，盐、黑胡椒粉各3克，淀粉5克，食用油少许。

烘焙

烤箱中层，上下火，200℃，约25分钟。

厨房
小语

1 肉馅必须用筷子顺同一方向用力搅拌至上劲，烤后才嫩。

2 如果肉饼做得比较薄，可以不用翻面，直接烤20分钟左右即可。

牙签牛肉

牙签牛肉是起源于湖南的特色小吃，浓郁香辣，丝丝入味，浓郁的牛肉香味在舌尖绽放，是吃货们非常喜欢的下酒菜之一。

做法

1 牛里脊肉洗净后擦干水分，切成1厘米左右的小块。切好的牛肉放入碗中，将除孜然粒、食用油外的所有调料放入肉中。

2 搅拌均匀，腌制30分钟。

3 将肉块用牙签穿起。

4 烤盘中铺锡纸，将肉串放入烤盘中，刷上食用油。

5 撒一半的干辣椒丝、孜然粒、白芝麻。

6 预热烤箱200℃，待烤箱预热好后，将牛肉放入烤箱，上下火，中层，烤12分钟左右。中间翻面一次，将另一半干辣椒丝、孜然粒和白芝麻撒到肉上。烘烤时间依自家烤箱而定。

食材

牛里脊肉400克，干辣椒丝30克，白芝麻10克。

调料

料酒20克，孜然粉、甜面酱、孜然粒各15克，酱油10克，盐2克，白砂糖5克，食用油5克。

烘焙

烤箱中层，上下火，200℃，约12分钟。

厨房小语

牛肉切得不要太厚，烤大约12分钟，老了就不好吃了。

红椒酿肉

红椒酿肉完美地融入了辣椒的清香和肉馅的鲜嫩，吃过之后总有一种意犹未尽的感觉。

食材

猪肉馅 200 克，红尖椒 7 个。

调料

盐 2 克，生抽 5 克，蚝油、食用油各 10 克，五香粉 3 克。

烘焙

烤箱中层，上下火，180℃，约 15 分钟

替代食材

红尖椒→青尖椒

厨房
小语

红尖椒用的是比较细的那种，但不是小米椒，也可以用青尖椒来做。

做法

1 猪肉馅加入所有调料，朝一个方向搅拌上劲。

2 红尖椒洗净，剖开，去子。

3 将肉馅放入红尖椒中。

4 全部做好后放到烤盘上。

5 预热烤箱 180℃，待烤箱预热好后，将红尖椒放入烤箱，上下火，中层，烤 15 分钟左右即可。

茄子的做法有很多种，要说哪种吃着最过瘾，肉末烤茄子当之无愧。用烤箱烤出来的茄子，多汁鲜嫩，茄子与蒜、肉完美的融合在一起，绝对是下饭极品。

蒜香肉末烤茄子

食材

长茄子 1 根，猪肉馅 150 克。

调料

大蒜 5 瓣，大葱 1 段，生抽、花生油各 10 克，甜面酱 20 克，香油 3 克。

烘焙

烤箱中层，上下火，200℃，25~30 分钟。

厨房小语

1 烤碗中总共放了两层茄子片和两层肉馅，每层茄子片上都要淋一点花生油，这样口感不会太干。

2 茄子要烤到软软的才好吃。根据每个烤箱的不同，所需时间可能不一样，如果茄子吃起来还比较硬，可以放到烤箱里再烤一会儿。

做法

1

2

3

4

1 猪肉馅放入碗中，大蒜、大葱切末放入碗中，再调入生抽、甜面酱、香油拌匀。

2 长茄子洗净，切成圆薄片，烤碗底部淋一层花生油，铺一层茄子片，淋一层花生油，再铺一层肉馅。

3 再铺一层茄子片，淋一层花生油，再铺一层肉馅，总共是两层茄子和两层肉馅。

4 预热烤箱 200℃，待烤箱预热好后，将肉末茄子放入烤箱，上下火，中层，烤 25~30 分钟即可。

香烤五花肉

五花肉又称三层肉，这部分的瘦肉也嫩而多汁。烤好的五花肉，还可以用春饼、生菜叶卷起来吃，吃起来真的是香而不腻。

做法

1 五花肉洗净，切厚片。

2 将肉片放入保鲜盒中，加入蒜末、生抽、蚝油、盐、白砂糖拌匀。

3 肉片上均匀地沾满料汁，放冰箱冷藏 3 小时，腌入味。中间翻面以便腌渍均匀。

4 将肉片放在烤架上，下放烤盘，如果是普通烤盘，烤盘中要铺锡纸，最后在肉片上刷上剩余的腌汁。

5 预热烤箱 200℃，待烤箱预热好后放入烤架，上下火，中层，烤 35 分钟左右。烘烤时间根据自家烤箱调整。

食材
五花肉 300 克。

调料
蒜末 15 克，生抽、蚝油各 10 克，盐 3 克，白砂糖 5 克。

烘焙
烤箱中层，上下火，200℃，约 35 分钟。

厨房小语

烘烤时需注意温度与时间，烤得太久肉质不够鲜嫩，口感也会偏硬。

韩式辣酱烤里脊串

韩式辣酱烤里脊串用的猪里脊肉，如果你喜欢，也可以用这个酱料腌制牛里脊来烤。韩式辣椒酱和韩式辣椒粉在超市或网上都可以买到。有国产的和韩国产两种，国产的相对便宜，但味道同样好。

食材
猪里脊肉 300 克。

调料
葱段、蒜片、生抽各 10 克，韩式辣椒酱 30 克，韩式辣椒粉 3 克，盐 2 克，香油、食用油、姜末、白砂糖各 5 克。

烘焙
烤箱中层，上下火，180℃，约 15 分钟。

厨房小语

1 如果家里刚好有橙子，在腌制肉片的时候往调料中挤一些橙汁，这样更能增加香甜的口感，肉片会更加软嫩。
2 里脊肉很容易烤熟，千万不要烤太久，否则直接影响口感。

做法

1 把里脊肉切块，放一个大碗中，加入韩式辣椒酱、生抽、白砂糖、韩式辣椒粉、盐、香油、葱段、蒜片、姜末搅拌均匀。
2 将肉片和酱料充分抓拌均匀，盖上保鲜膜，腌制 1 小时。
3 用竹签将肉块穿好，放到烤架上，刷上一层食用油。
4 预热烤箱 180℃，待烤箱预热好后放入烤架，上下火，中层，烤 15 分钟左右，中间翻面一次。

秘制叉烧肉

> 叉烧肉是广东烧味的一种，口味略甜，加了青梅酒，增加了一丝清香。一块好的叉烧应该肉质软嫩多汁，色泽红亮。

食材

猪里脊肉 500 克。

调料

叉烧酱 200 克，生抽、鱼露各 15 克，蚝油 20 克，白砂糖 10 克，蜂蜜、青梅酒各 30 克。

烘焙

烤箱中层，上下火，175℃，约 40 分钟。

替代食材

青梅酒→料酒、黄酒

厨房小语

1 叉烧酱是罐装酱料，超市有卖，这种酱料浓稠红润、味道醇厚，依自己的口味再搭配些简单的调料，很容易就可做出好吃的叉烧肉了。

2 腌制的时间要稍长一些，最好在冰箱中腌制一夜。

做法

1 里脊肉洗净，切块，放入保鲜盒中，将所有调料倒入盒内。

2 将调料抹匀后放入冰箱腌制过夜。

3 将腌制好的肉块取出，放入烤盘中，将剩余的腌料刷在肉上。

4 预热烤箱175℃，待烤箱预热好后，将肉块放入烤箱，上下火，中层，烤40分钟左右。中间翻面一次，刷剩余料汁。

酱香烤排骨

烤好的排骨色泽红亮油润，边缘处微呈焦棕色，香气四溢。无论是趁热食用，还是放凉后食用，都有种咸中透着酱香的诱惑。

做法

1 猪肋排洗净，用厨房纸巾吸干多余水分，放入大碗中，加入所有调料。

2 将酱料在猪肋排上揉匀，覆上保鲜膜，放入冰箱中冷藏，腌制8小时以上。

3 取出腌制好的猪肋排，用锡纸包好，放在烤架上。

4 预热烤箱210℃，待烤箱预热好后放入烤架，上下火，中层，烤30分钟。去掉锡纸，再刷一层酱料，190℃，烤15分钟即可。

食材

猪肋排600克。

调料

葱1段，姜3片，黄豆酱20克，甜面酱、蚝油、食用油各10克，番茄酱、孜然烧烤料（有粉和粒的那种）各15克，白砂糖5克，盐4克。

烘焙

烤箱中层，上下火，分别是：210℃，约30分钟；190℃，约15分钟。

厨房小语

1 如果想检验排骨内部是否已完全熟透，可用牙签或小刀在排骨肉比较厚的地方扎一下，如果有血水流出，则证明还未熟透，需要再烤一会儿，如果里面有清澈的液体和油流出，排骨就烤熟了。

2 所有调料混合均匀，既可作为腌料使用，也可用作刷酱，喜欢辣的可以加适量辣椒粉。

迷迭香烤排骨

迷迭香是一种浑身散发着香气的植物，烹饪中常当作调味香料来用。大块食物长时间用锡纸覆盖烤，最后再拿掉锡纸烤，可以使表层烤得焦香酥脆，同时内部达到刚好烤熟的程度，外焦里嫩。

做法

1 排骨洗净，沥干水分，用刀尖在排骨肉比较厚的那一面扎上孔，方便入味。

2 排骨中加入香葱段、姜片、蒜末。

3 调入盐、黄酒、甜面酱、生抽、花椒碎、黑胡椒碎腌制，放入冰箱冷藏一夜让排骨入味。

4 烤盘中铺锡纸，放上腌过的排骨，撒上干迷迭香。

5 预热烤箱190℃，预热好后放入排骨，加盖锡纸，上下火，中层，烤30分钟，然后去掉锡纸，继续烤15分钟即可。

食材

排骨 500 克。

调料

干迷迭香 4 克，姜 4 片，蒜末 10 克，香葱段、黄酒、生抽各 15 克，盐 6 克，甜面酱 20 克，炒香的花椒碎、黑胡椒碎各 3 克。

烘焙

烤箱中层，上下火，190℃，约 45 分钟。

厨房
小语

1 炒香的花椒碎是提前炒制的，我都是多炒一些放瓶里，腌肉或烧麻婆豆腐时用。

2 先加盖锡纸烤，然后去掉锡纸继续烤，这样烤出的味道比只加锡纸烤要好。

培根玉米卷

单一的烤玉米，已经不能满足人们的口味，而培根烤玉米是一个很好的荤素搭配，口感更为鲜嫩独特。

做法

1 烧烤酱、蜂蜜、色拉油拌匀调成酱汁。

2 玉米提前煮熟，切段。

3 用培根将玉米段卷起来，放到烤盘中，如果玉米比较粗，培根卷不紧实，可用牙签固定。

4 刷上酱汁。

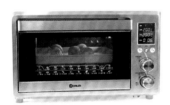

5 预热烤箱200℃，待烤箱预热好后，将玉米卷放入烤箱，上下火，中层，烤8分钟左右，把玉米卷取出，刷上酱汁，再放入烤箱烤3分钟即可。

食材

玉米棒1根，培根5片。

调料

烧烤酱、蜂蜜各10克，色拉油5克。

烘焙

烤箱中层，上下火，200℃，约11分钟。

厨房小语

玉米棒提前煮熟，然后凉凉备用。如果玉米比较粗，培根卷不紧实的话，接口处可用牙签固定。

全套烤鸭

烤鸭皮油润发亮、香脆酥松，肉嫩鲜香，食之腴美香醇，外焦里嫩，满口留香，堪为色香味三绝。

烤鸭的做法

做法

1 鸭子放入盆中，加入姜、大葱、生抽、大料、花椒、盐、料酒，冷藏过夜。腌制时中间翻动几次。

2 麦芽糖加白醋调成脆皮汁。

3 烤盘内铺锡纸，将腌好的鸭子放在烤盘中，用厨房纸擦干表面水分。

4 预热烤箱180℃，待烤箱预热好后，将鸭子放入烤箱，上下火，中层，烤15分钟，主要是将鸭子表皮烤干。

5 鸭皮烤干后，在表皮均匀刷上一层脆皮汁，用锡纸把鸭腿和鸭翅包裹。

6 再次放入烤箱，210℃，烤40分钟左右，每隔10分钟刷一次脆皮汁。

食材

鸭子半只。

调料

姜1块，大葱1段，生抽15克，大料3个，花椒3克，盐4克，料酒20克，麦芽糖10克，白醋5克。

配料

甜面酱40克，白砂糖、香油各5克，蚝油10克，葱丝、黄瓜条各1碟。

烘焙

烤箱中层，上下火，分别是：180℃，约15分钟；210℃，约40分钟。

替代食材

麦芽糖→蜂蜜

厨房小语

鸭子表面水分要擦干，不然鸭皮烤出来不脆。

烤鸭饼的做法

做法

1 用小刷子在每张饺子皮上刷薄薄的一层油。

2 每一张都要刷一层油，一张张摞在一起，摞了20张，周边一圈也刷一层薄油（第一次做可以少放几张）。

3 用擀面杖中间先压几下固定住。

4 再擀开，擀至20厘米左右即可。

5 水开上锅，蒸10分钟左右。甜面酱、白砂糖、蚝油放入碗中搅拌均匀，一起放入锅中蒸10分钟，出锅后调入香油即为酱汁。

6 出锅后稍晾一下，一张张地揭开，即为烤鸭饼。

7 用烤鸭饼卷上蘸有酱汁的鸭肉、葱丝、黄瓜条即可食用。

食材

饺子皮20张。

调料

食用油适量。

 厨房小语

1 饺子皮是超市里卖的那种。烤鸭饼一次可多做些，冷冻在冰箱里，吃的时候加热，卷各种菜也很好吃。

2 烤鸭酱顺便蒸一下，为的是去掉酱的生涩味，出锅后加入香油调匀即可。

培根卷鹌鹑蛋

鹌鹑蛋裹上培根片串烤，培根肉香扑鼻，鹌鹑蛋清香入味，每一口都滋味十足，诱惑难挡。

食材
熟鹌鹑蛋 20 个，培根 4 片。

调料
生抽、蚝油各 10 克，黑胡椒碎适量。

烘焙
烤箱中层，上下火，180℃，约 15 分钟。

厨房小语

培根有咸味，料汁不宜刷得太多，喜欢黑胡椒的可多放点。

做法

1 生抽、蚝油放入碗中调匀制成料汁。

2 将培根与鹌鹑蛋如图状穿在一起。

3 烤盘中铺锡纸，放入穿好的鹌鹑蛋，刷上料汁。

4 撒上黑胡椒碎。

5 预热烤箱 180℃，待烤箱预热好后，将培根鹌鹑蛋放入烤箱，上下火，中层，烤 15 分钟左右即可。

烤箱版鸡米花

鸡米花大多都是用油炸的，鸡肉会充分吸收油，表层的面包糠吃起来比较油腻，用烤箱烤制出来的鸡米花相当嫩滑酥香，而且健康少油。

做法

1 鸡腿肉去骨，切成小块，放入碗中，加入蒜蓉、黑胡椒碎、孜然粉、辣椒粉、淀粉、盐、食用油。

2 加入鸡蛋，抓匀，让调料全部裹在鸡肉上，腌制30分钟。

3 腌制好的鸡肉每一小块都均匀裹上面包糠。

4 将全部裹好面包糠的鸡肉块摆入铺有锡纸的烤盘中。

5 预热烤箱190℃，待烤箱预热好后放入烤盘，上下火，中层，烤20分钟左右，取出趁热食用。

食材
大鸡腿1个。

调料
蒜蓉8克，现磨黑胡椒碎、辣椒粉各2克，孜然粉、淀粉、盐各3克，鸡蛋1个（小），食用油5克，面包糠40克。

烘焙
烤箱中层，上下火，190℃，约20分钟。

替代食材
鸡腿肉→鸡胸肉

厨房
小语

1 推荐用鸡腿肉来做，鸡腿肉肉质较嫩，也可以用鸡胸肉，但口感略柴。
2 面包糠超市都有卖，有白色和黄色两种，随自己的喜好选择。

曾经有一种烤翅叫魔鬼辣鸡翅，热情似火地风靡大街小巷。魔鬼烤翅，其实很简单，只是用了一种特辣的魔鬼辣酱，这个酱，我从来不敢直接挖一勺来吃，只能是蘸一点点放进嘴里。嗜辣一族，不妨试试这款与众不同的超辣版魔鬼烤翅。

魔鬼烤翅

食材

整鸡翅 2 个。

调料

魔鬼辣酱、生抽各 15 克，盐 3 克，料酒 10 克。

烘焙

烤箱中层，上下火，180℃，约 40 分钟。

> 厨房小语
>
> 辣度可依据自己的喜好调节。

做法

1　鸡翅洗净，用刀在表面划几下便于入味。
2　鸡翅中加入魔鬼辣酱、生抽、盐、料酒拌匀。
3　放入冰箱冷藏腌制 12 小时以上。
4　烤盘铺好锡纸，放上腌制好的鸡翅，刷腌制的酱料汁。预热烤箱 180℃，待烤箱预热好后放入鸡翅，上下火，中层，烤 40 分钟左右，中间翻面一次。烘烤时间依据自家烤箱而定。

新奥尔良烤全翅

新奥尔良烤全翅，
不用自己动手调制
腌料，既好吃又简
单，完全零失败，
味道超棒，不信你
试试看。

做法

1 鸡翅彻底洗净，控干水分，在鸡翅上用叉子扎洞帮助入味。

2 新奥尔良烤肉料加水、生抽，再放入蒜末和少许橄榄油，彻底拌匀。

3 倒入鸡翅中，让鸡翅均匀裹上料，再按摩一下鸡翅。入冰箱冷藏至少过夜。

4 将鸡翅穿上签子，放到烤网上。

5 预热烤箱上火 190℃，下火 185℃，中层，放入鸡翅，烤 30 分钟左右。这个温度是烤箱自带功能，普通烤箱请用 200℃，上下火，中层，烤 25 分钟左右。时间、温度依自家烤箱，视鸡翅大小调节。

食材

鸡全翅 2 个。

调料

新奥尔良烤肉料、水各 30 克，生抽 15 克，蒜末 20 克，橄榄油少许。

烘焙

烤箱中层，上下火，200℃，约 25 分钟。

厨房小语

1 新奥尔良烤肉料超市或者网上有售，烤肉料自带咸味，可根据自己的口味调整用量。

2 冷藏鸡翅过程中平放，中间可以拿出来翻动一次，这样入味更均匀。

蜜汁鸡翅

蜜汁鸡翅简单至极，有烤箱的人，几乎人人都做过这个，也可以根据自己的口味调整，喜欢吃辣的，加一点辣椒粉，味道也不错。

做法

1 鸡翅洗净，用刀划两刀，放入碗里，调入甜面酱、蚝油、生抽、白砂糖、料酒、胡椒粉拌匀。

2 腌制 3 小时，或冷藏过夜。

3 蜂蜜倒入碗中。

4 烤盘中铺锡纸，刷一层油防粘，将鸡翅放入烤盘中，刷一层蜂蜜。

5 预热烤箱 180℃，待烤箱预热好后放入鸡翅，上下火，中层，烤 20 分钟左右。中间翻面一次，刷蜂蜜即可。

食材

鸡翅 10 个。

调料

甜面酱 30 克，蚝油、生抽、料酒、蜂蜜各 15 克，白砂糖 8 克，胡椒粉 3 克，食用油适量。

烘焙

烤箱中层，上下火，180℃，约 20 分钟。

厨房小语

烤盘中铺锡纸，刷一层油防粘，特别是普通烤盘必须要铺锡纸。蜂蜜糖分高，粘到烤盘上很难清洗。

咖喱烤鸡翅

多汁的咖喱烤鸡翅，用的是泰式咖喱酱，网店或是大型超市都有售，它的味道比咖喱粉要浓郁，不用自己动手做咖喱酱。味道香辣可口，鸡翅肉嫩味香，色泽金黄，很有食欲。

做法

1 鸡翅洗净，稍微擦干水分，用刀在背面划两刀以便入味。

2 鸡翅放入碗中，加入现磨黑胡椒和辣椒粉，再加入葱碎、姜片、盐、姜粉、酸奶、黄咖喱酱，拌匀制成料汁。

3 戴一次性手套抓匀，盖保鲜膜，放入冰箱冷藏腌制 4~6 小时。

4 腌好的鸡翅穿上签子，放在烤盘或烤架上。

5 烤箱自带烤翅功能，预热烤箱，185℃，待烤箱预热好后放入鸡翅，中层，烤 20 分钟左右。中间翻面一次，刷料汁即可。

食材

鸡翅中 11 个。

调料

酸奶 20 克，盐 、辣椒粉各 3 克，姜粉 10 克，黄咖喱酱 15 克，现磨黑胡椒 2 克，葱碎 5 克，姜 3 片。

烘焙

烤箱中层，上下火，185℃，约 20 分钟。

厨房
小语

1 没有咖喱酱可以用咖喱粉。可参考第 18 页"咖喱烧烤酱"的做法调酱。不可以用超市卖的那种日式咖喱块来做。
2 盐、辣椒粉多少依自己的口味增减。

香草鸡腿

香草作为调料入菜，以增添菜肴的色香味。西餐中常用罗勒、牛至、百里香、鼠尾草、迷迭香、茴香、莳萝等来给菜肴添香去腥，味道独特。

做法

1　鸡腿用刀将肉划开一些口子，另一面的鸡皮不要破坏。

2　土豆去皮切片，洋葱切块，放入盆中，放上鸡腿，调入盐、生抽、白砂糖、现磨黑胡椒碎、白葡萄酒。

3　撒入意大利混合香草。

4　腌制2小时入味。

5　烤盘中土豆、洋葱垫底，将鸡腿放在上面，撒上蒜片，刷一层橄榄油。

6　预热烤箱220℃，待烤箱预热好后放入鸡腿，上下火，中层，烤30分钟左右。中间翻面一次。

食材

琵琶鸡腿、土豆、洋葱各1个。

配料

白葡萄酒20克，盐2克，白砂糖、现磨黑胡椒碎各5克，意大利混合香草、生抽各10克，橄榄油适量，蒜片15克。

烘焙

烤箱中层，上下火，220℃，约30分钟。

厨房小语

1　土豆和洋葱不要烤得太过。也可以先烤鸡腿，中途取出来再放土豆、洋葱一起继续烤。
2　意大利混合香草在大型超市或网上都可以买到。

青柠烤全鸡

青柠烤全鸡，利用青柠檬的清新入菜，相得益彰，回味悠长。也可依据自己的口味，调制出麻辣、酱香、香辣味等多种口味，总有一款适合你。

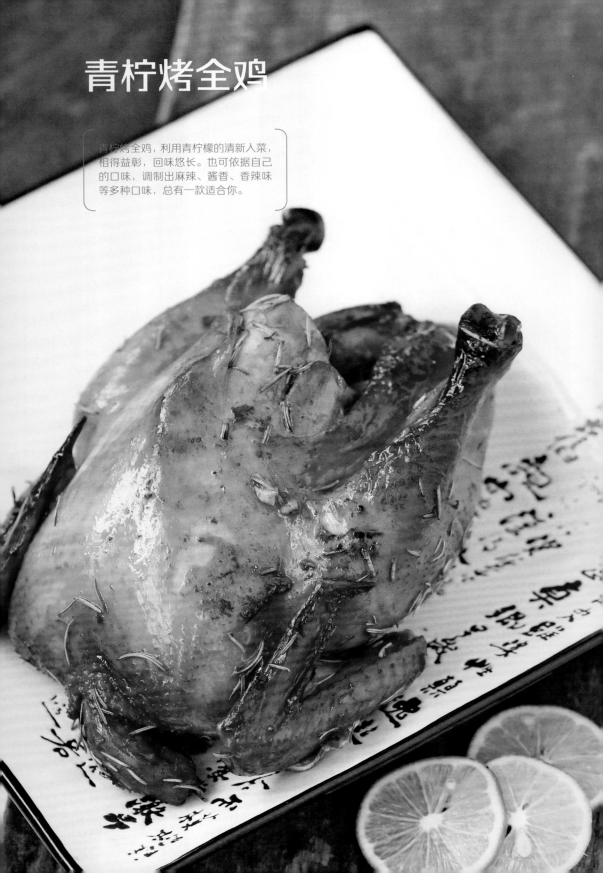

做法

1 三黄鸡宰杀干净，去头、爪、将鸡放入盆中，放入切好的青柠片、迷迭香、姜片、蒜片、洋葱块，再放入生抽、甜面酱、盐抓匀。

2 放入保鲜袋中，入冰箱冷藏一夜，中间翻面一次。

3 铺锡纸，将腌鸡的材料放入鸡肚中，再放上几片青柠片。

4 用锡纸包好鸡，放烤盘中，预热烤箱200℃，待烤箱预热好后放入鸡，上下火，中层，烤30分钟。

5 然后打开锡纸，调至180℃，再烤20分钟即可。烤制时间按自家烤箱和鸡的大小调节。

食材

小三黄鸡1只，洋葱、青柠各1个。

调料

姜片、蒜片各5克，生抽20克，甜面酱15克，盐、干迷迭香各6克。

烘焙

烤箱中层，上下火，分别是：200℃，约30分钟；180℃，约20分钟。

厨房小语

1 为了入味，可以在鸡肉表面用牙签扎一些小孔，或者直接将鸡完全剖开，展成饼状。

2 最后的20分钟要盯着看一下，要是觉得表面上色太厉害，就加盖锡纸。翅尖骨头多肉少，最容易烤焦，用锡纸包裹就可避免烤焦。

茶香烟熏鸡

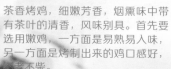

茶香烤鸡，细嫩芳香，烟熏味中带有茶叶的清香，风味别具。首先要选用嫩鸡，一方面是易熟易入味，另一方面是烤制出来的鸡口感好，肉老不柴。

做法

1 将鸡洗净，沥干水分，然后将五香粉和盐拌匀后抹擦在鸡身内外，在腹肚中塞进拍碎的葱、姜，静置腌渍2小时。

2 将腌过的鸡洗去上面的盐和五香粉，放入锅中，加入料酒、清水。

3 放入葱段、姜片。

4 煮熟后捞出。

5 趁热将老抽、蜂蜜调成汁，均匀地涂抹在鸡身上。

6 在烤盘里铺上锡纸，放上大米、红糖、茶叶。

7 预热烤箱230℃，待烤箱预热好后放入鸡，上下火，中层，烤制10分钟左右，待茶叶与红糖起烟、蒸熏鸡上色，即可熄火取出，再刷些香油即可。

食材

土鸡1只，乌龙茶、红糖各25克，大米30克。

调料

葱1段，姜1块，葱段8克，姜3片，盐、五香粉各15克，老抽、料酒、蜂蜜各10克，香油少许。

烘焙

烤箱中层，上下火，230℃，约10分钟。

厨房
小语

1 鸡腌渍时勿过咸，煮之前一定要洗掉多余的盐和五香粉。
2 在熏烤时，烤的时间不能长，不要烤煳了。可以中途将鸡翻身，使之上色均匀。

奶酪鸡肉卷

超级美味的奶酪鸡肉卷，香酥可口，咬一口，带着浓浓奶香的奶酪和咸鲜的培根搭配得刚刚好，完美的口感，好吃得停不了口。

做法

1 将淀粉、混合烧烤料倒一起
  搅拌均匀；鸡蛋打散。

2 鸡胸肉洗净，切薄片。

3 奶酪片、培根铺到鸡片上。

4 卷起成圆柱状。

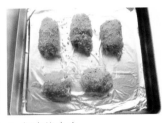

5 将预先调好的淀粉裹在鸡肉
  卷上，再蘸上蛋液，最后将
  涂抹好蛋液的鸡肉卷裹满面
  包糠。

6 摆在烤盘中。

7 预热烤箱 180℃，待烤箱预
  热好后放入鸡肉卷，上下火，
  中层，烤 25 分钟左右即可。

食材

鸡胸肉 100 克，早餐奶酪、
培根各 5 片，鸡蛋 1 个。

调料

淀粉 40 克，混合烧烤料 20
克，面包糠 30 克。

烘焙

烤箱中层，上下火，180℃，
约 25 分钟。

厨房
小语

1 早餐奶酪要用切达奶酪
（cheddar cheese），浓郁
美味。但不同于烘焙用的马
苏里拉奶酪、奶油奶酪。

2 因为培根本身就有咸味，
所以没有先调味鸡片。口味
重的可以把鸡片先撒上盐和
黑胡椒粉腌一下。

3 鸡肉要先裹淀粉，再蘸蛋
液，最后裹上面包糠，不要
把顺序弄颠倒了。

彩椒鸡胗串

彩椒鸡胗串，以其独特的风味和美妙的口感，感动了挑剔的味蕾。好吃的秘诀就是腌制，入烤箱前记得刷一层食用油。

做法

1 鸡胗洗净，切两瓣，在每一瓣上切十字花刀，一面切完，翻过来再切另一面，注意不要切断。

2 将鸡胗放入盆中，加入豆瓣酱、黄酒、盐、白砂糖、辣椒粉、孜然粉、生抽，挤入柠檬汁。

3 用手抓匀，腌30分钟。

4 彩椒洗净去子，切菱形块。

5 把腌好的鸡胗和彩椒块用竹签穿好，放到烤架上，刷一层食用油。

6 预热烤箱200℃，待烤箱预热好后放入鸡胗，上下火，中层，烤20分钟左右。中间翻面一次，刷剩余料汁即可。

食材

鸡胗300克，红、黄、绿彩椒各1个，柠檬半个。

调料

辣椒粉、孜然粉、盐各3克，白砂糖2克，生抽、食用油、黄酒、豆瓣酱各10克。

烘焙

烤箱中层，上下火，200℃，约20分钟。

厨房小语

1 如果喜欢孜然口味，可以在放孜然粉的同时放一点孜然粒，那样味道会更浓郁。

2 鸡胗肉比较厚，最好切花刀，更容易入味。如果不会切花刀，就直接在鸡胗的表面切几刀（不要切断就好）。

3 加入柠檬汁既能去腥，又可以增加果香。

4 鸡胗的烤制时间不要过长，否则一旦老了，咬起来就会很硬。

Part 2 香鲜味美的
鱼虾贝蟹
16 款

烤花蛤的时候使用了剁椒，剁椒的香辣和花蛤的鲜味完美结合。

剁椒烤花蛤

食材

花蛤 500 克。

调料

剁椒 30 克，蒜末、姜末各 15 克，生抽 10 克，蚝油 5 克，盐适量。

烘焙

烤箱中层，上下火，200℃，约 15 分钟。

厨房
小语

各家烤箱的温度不同，要多观察烤的状态，烤蛤蜊时间不要烤太长，蛤蜊张嘴就可以了，烤老了就不好吃了。

做法

1

3

4

1 剁椒放入小碗中，加入蒜末、姜末，调入生抽、蚝油，拌匀制成料汁。

2 将花蛤放入水中，撒一点盐，浸泡 2 小时左右，捞出，放入清水中冲洗几次，用小刷子将花蛤的外壳刷干净，控干水分，放入烤盘中。

3 放入调好的料汁拌匀。

4 预热烤箱 200℃，待烤箱预热好后放入花蛤，上下火，中层，烤 15 分钟左右，烤至花蛤张口即可。

红酒焗蛤蜊

红酒焗蛤蜊，其实就是将料酒换成了红酒，格调一下子拔高好多，味道会西式一点。蛤蜊不仅肉质鲜美，营养也很丰富，素有"天下第一鲜""百味之冠"的美誉。

做法

1 葡萄酒酒倒入碗中。

2 调入生抽、白胡椒粉拌匀，制成料汁。

3 葱、姜切丝，小米椒切圈，放入烤碗中。

4 烤碗中放入洗净的蛤蜊，倒入调好的料汁。

5 预热烤箱200℃，待烤箱预热好后放入蛤蜊，上下火，中层，烤10分钟左右，待壳全部打开即可。

食材

蛤蜊500克，葡萄酒50克。

调料

葱1段，姜1块，生抽10克，白胡椒粉2克，小米椒适量。

烘焙

烤箱中层，上下火，200℃，约10分钟。

厨房
小语

蛤蜊提前泡水、吐沙，洗净后捞出沥干水分。烘烤时间依据自家烤箱调整。

花雕烤闸蟹

除了清蒸大闸蟹，大闸蟹还可以烤着吃。花雕烤闸蟹，花雕酒可以祛寒，和闸蟹完美结合。蟹壳烤得金黄金黄的，肉质收紧，蟹钳也比清蒸吃起来更鲜。

做法

1 将大闸蟹用竹签或尖刀由两眼间插入至心脏部位，先将蟹杀死，然后解开绳子，用刷子将蟹刷洗干净后充分沥干水分。大闸蟹、花雕、姜片放入大碗中盖盖，腌制 20 分钟。

2 将锡纸剪成 10 厘米见方的大小，准备 4 张。在锡纸上放上姜片。

3 将大闸蟹肚子朝下、背部朝上放在锡纸上。

4 包好锡纸。

5 预热烤箱 220℃，待烤箱预热好后放入大闸蟹，上下火，中层，烤 20 分钟左右。烤好后，不要着急打开烤箱门，闷 2 分钟后再取出。食用前将姜末、醋、生抽调成料汁蘸食即可。

食材
大闸蟹 4 只，花雕 100 克。

调料
姜 3 片。

蘸料
姜末 20 克，醋、生抽各 10 克。

烘焙
烤箱中层，上下火，220℃，约 20 分钟。

厨房
小语

烤之前盆中加没过大闸蟹一半左右的淡盐水养半小时，让大闸蟹自己先把肚子里的脏东西吐干净，然后再用牙刷用力清洗背、腹和嘴部。

香辣烤蟹

香辣烤蟹，用到了黄油。其实西餐中常见黄油焗海鲜，黄油配上蟹，既不失蟹原有的鲜味，又增加了奶香味。

做法

1 将蟹用竹签或尖刀由两眼间
插入至心脏部位，先将蟹杀
死，然后解开绳子，用刷子
将蟹刷净。

2 再将壳掀开，摘除肺叶及尖
脐，洗净。

3 所有调料放入碗中调匀，即
为料汁。

4 烤盘中铺锡纸，放上蟹，将
调好的料汁覆盖在蟹上。

5 预热烤箱180℃，待烤箱预
热好后放入蟹，上下火，下层，
烤20分钟左右即可。烘烤时
间依据自家烤箱而定。

食材
大闸蟹2只。

调料
剁椒、黄油各20克，蒜蓉、
姜末各10克，蚝油5克。

烘焙
烤箱中层，上下火，180℃，
约20分钟。

厨房
小语

黄油提前软化后再用，或者
加热至液态，否则不易搅拌
均匀。

蒜蓉粉丝烤扇贝

蒜蓉粉丝烤扇贝，不同凡响的组合，味道鲜美诱人，可谓色香味俱全。扇贝的鲜香混合了蒜香，吸足了扇贝鲜和蒜蓉香的粉丝，令人垂涎欲滴。

做法

1 将粉丝泡软备用。

2 扇贝从中间片开，去掉内脏，
  治净。

3 把粉丝放在贝壳上，扇贝肉
  放在粉丝上。

4 再放上姜丝。

5 预热烤箱 210℃，待烤箱预
  热好后放入扇贝，上下火，
  中层，烤 10 分钟左右即可。

6 锅中倒入食用油，放入蒜蓉
  炸至金黄色。

7 蒸鱼豉油、生抽调入碗中，
  放入炸香的蒜蓉。

8 烤熟的扇贝上淋上蒜香汁，
  撒上香葱末即可。

食材

大扇贝 6 个，蒜蓉 50 克，粉
丝 1 把（约 40 克）。

调料

香葱末 5 克，姜丝、食用油、
生抽各 10 克，蒸鱼豉油 15 克。

烘焙

烤箱中层，上下火，210℃，
约 10 分钟。

厨房
小语

扇贝要吃鲜活的，生抽、豉
油有咸味，可以不用再放盐。

黑椒烤对虾

黑胡椒，其味辛辣，是人们最早使用的香料之一，也是欧式风味菜肴的常用香料，这款爽辣黑椒烤对虾做法简单，却很好吃，具有黑胡椒的独特辣味，十分爽口。

食材

对虾 8 只，洋葱半个。

调料

蒜 5 瓣，盐 2 克，生抽 10 克，蚝油 5 克，食用油 3 克，黑胡椒碎适量。

烘焙

烤箱中层，上下火，200℃，约 17 分钟。

厨房
小语

黑胡椒碎最好现磨，味道才好。

做法

1 对虾洗净，挑出背部和腹部的黑线，处理好的虾放入盆中。洋葱切丝，蒜切片，放入盆中，调入盐、生抽、蚝油拌匀，腌制 20 分钟，充分入味。

2 烤盘垫上锡纸，将腌制好的虾用木签穿上，放入烤盘中，将食用油淋在虾身上，撒上黑胡椒碎。

3 预热烤箱上火 175℃，下火 180℃，待烤箱预热好后放入对虾，中层，烤 20 分钟左右。这个温度是烤箱自带的烤虾功能，普通烤箱可用 200℃，上下火，中层，烤 17 分钟左右即可。

咖喱烤虾

咖喱烤虾是超级简单的一道菜，咖喱闻起来辛辣、刺激，和鲜美的虾在一起，弹滑紧实的虾吸收了浓浓的咖喱汁，这样激味蕾的口感，让人欲罢不能。

食材

鲜虾 200 克。

调料

咖喱粉、料酒、食用油各 5 克，姜粉、白胡椒粉、盐各 2 克。

烘焙

烤箱中层，上下火，180℃，约 15 分钟。

厨房
小语

用锡纸包上烤，烤出来的虾会很嫩。

做法

1 将鲜虾洗净，用剪刀剪去虾须，用牙签从尾部倒数第二节挑出泥肠，抽出。
2 在碗中调入咖喱粉、姜粉、白胡椒粉、料酒、盐，混合均匀制成腌料。将虾浑身抹匀，腌制 1 小时，再加食用油拌匀。
3 烤盘中铺锡纸，放入腌好的虾，将锡纸包好。
4 预热烤箱 180℃，待烤箱预热好后放入虾，上下火，中层，烤 15 分钟左右即可。

培根秋葵鲜虾卷

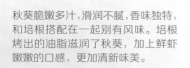

秋葵脆嫩多汁,滑润不腻,香味独特,和培根搭配在一起别有风味。培根烤出的油脂滋润了秋葵,加上鲜虾嫩嫩的口感,更加清新味美。

做法

1 秋葵放入水中焯熟，捞出。

2 锅中加水，水开后放入大虾，焯熟后捞出。

3 大虾去皮、去虾线，留尾部。

4 培根上放秋葵和虾，卷起，虾尾朝上。

5 卷好的虾放入烤盘中。

6 预热烤箱180℃，待烤箱预热好后放入虾卷，上下火，中层，烤15分钟左右。

7 出炉后撒上黑胡椒碎即可食用。

食材

大虾8只，培根8片，秋葵8根。

调料

现磨黑胡椒碎2克。

烘焙

烤箱中层，上下火，180℃，约15分钟。

厨房小语

培根本身有咸味，可以不用加盐调味。口味重的，可依自己的喜好加。

香辣烤皮皮虾

皮皮虾每年的四到六月间肉质最为饱满。皮皮虾通常做法是椒盐和清蒸。烤皮皮虾的好处在于不用受油烟的煎熬，虾肉鲜嫩，还能牢牢锁住营养成分。

食材
鲜活皮皮虾 500 克。

调料
葱段 8 克，姜 3 片，鲜椒酱、烧烤酱各 10 克，盐 2 克，生抽 15 克，胡椒粉 3 克，料酒 30 克。

烘焙
烤箱中层，上下火，180℃，约 20 分钟。

替换食材
鲜椒酱→自己喜欢的各种辣椒酱

厨房小语

1 虾变红色就证明熟透了，可以根据自己的喜好决定烘烤时间。
2 调料可以根据自己的喜好增减。

做法

1 皮皮虾洗净，倒入容器中，放入料酒、葱段、姜片、盐腌制 20 分钟。
2 鲜椒酱、生抽、烧烤酱、胡椒粉放入碗中，调成料汁。
3 腌好的皮皮虾放入烤盘中，刷上料汁。
4 预热烤箱180℃，待烤箱预热好后放入皮皮虾，上下火，中层，烤 20 分钟左右。中间翻面，刷一次料汁即可。

韩式烤鱿鱼

韩式烤鱿鱼软弹、味浓，韩式辣酱和鱿鱼是绝配，喜欢这种有点偏甜的烧烤口味的酱料，要有多入味就有多入味。

食材
鱿鱼 1 条，洋葱半个。

调料
韩式辣酱 15 克，白砂糖 2 克，味极鲜酱油 10 克，鱼露、韩国辣椒粉、蚝油各 5 克。

烘焙
烤箱中层，上下火，180℃，约 12 分钟。

厨房
小语

中间取出刷点油，以免烤干。烘烤时间不宜过长，否则鱿鱼会太老嚼不动。

做法

1　鱿鱼切开头部，掏出内脏，洗净。所有调料拌匀制成酱料。
2　鱿鱼抹匀酱料，腌制 2 小时。
3　烤盘底部铺上切好的洋葱丝，将腌好的鱿鱼铺在洋葱丝上，刷上一层酱料。
4　预热烤箱 180℃，待烤箱预热好后放入鱿鱼，上下火，中层，烤 10 分钟左右，取出，再刷一层酱料，继续烤制 2 分钟左右即可。

烤秋刀鱼

烤秋刀鱼，在日本被认为酱油的咸鲜味、柠檬的酸味与鱼本身的苦味相结合，才是秋刀鱼的最佳风味。

做法

1 秋刀鱼洗净，尤其是肚子里
的黑膜，一定要撕干净，两
面打十字花刀。

2 将盐抹在秋刀鱼上，加半个
柠檬汁。

3 撒少许黑胡椒碎，调入料酒
腌30分钟左右。

4 半个柠檬汁、蚝油、鲜贝露、
生抽调成料汁。

5 烤盘垫锡纸，并涂抹一层油，
将腌制好的秋刀鱼排放在烤
盘上，在鱼身上刷料汁，两
面都要刷。

6 预热烤箱220℃，预热好后
放入秋刀鱼，上下火，中层，
烤20分钟左右，至表面金
黄。中间翻一次面，出炉后
再滴上几滴柠檬汁即可。

食材

秋刀鱼2条，柠檬1个。

调料

盐2克，料酒、蚝油、鲜贝露、
生抽各10克，黑胡椒碎适量，
食用油少许。

烘焙

烤箱中层，上下火，220℃，
约15分钟。

厨房
小语

柠檬最好不要省略，可以有
效去除秋刀鱼的腥气。

香烤大黄鱼

香烤大黄鱼做法非常简单，特别适合零厨艺菜鸟，而且鱼香飘四溢，肉质细嫩，非常美味。

食材
大黄花鱼 1 条。

调料
复合烧烤料 15 克，盐、辣椒粉、白胡椒粉各 2 克，料酒 30 克，生抽、甜面酱各 10 克。

烘焙
烤箱中层，上下火，200℃，约 20 分钟。

厨房小语

复合烧烤料超市有卖的，最好购买里面含孜然粉、辣椒粉、盐的那种。

做法

1 黄花鱼宰洗干净，表面划上几刀，放入盘中，加入盐、白胡椒粉、料酒，腌制 2 小时。

2 生抽、甜面酱放入小碗中调成酱汁。

3 将盘中的水分倒掉，腌制好的鱼两面刷上调好的酱汁。

4 再将鱼的两面撒上复合烧烤料、辣椒粉。

5 预热烤箱 200℃，预热好后放入鱼，上下火，中层，烤 20 分钟左右即可。烤制时间可依据自家烤箱而定。

烤鲫鱼的制作方法其实很简单，烤辣酱风味特别，烤出来的鱼香味浓郁，色泽红亮，外皮香脆，肉质鲜嫩。

食材

鲫鱼 2 条。

调料

盐 2 克，料酒、香葱段各 15 克，姜 5 片，孜然粉 4 克，蚝油、生抽、鲜椒酱各 5 克，食用油适量。

烘焙

烤箱中层，上下火，200℃，约 20 分钟。

替代食材

鲜椒酱→辣豆瓣酱

厨房
小语

鲜椒酱网上有卖的，调料可依据自己的喜好搭配。

香辣烤鲫鱼

做法

1 鲫鱼去鳞、去鳃、去内脏，治净，两面打花刀，放入盆里，加入姜片、香葱段、盐、料酒腌制 30 分钟以上。

2 取一小碗，调入孜然粉、蚝油、生抽、鲜椒酱，搅拌均匀制成酱料。

3 烤盘铺锡纸，涂抹一层食用油，先挑出葱姜放在烤盘上，再放上腌制好的鲫鱼，刷上一层酱料。

4 预热烤箱200℃，待烤箱预热好后放入鲫鱼，上下火，中层，烤20分钟左右。中途取出再刷一次酱料。

锡纸烤三文鱼

用锡纸来包裹三文鱼烤制，更好地
保留了鱼肉中的汁水，不会干柴，
口感更加软嫩。

做法

1 三文鱼肉用清水冲净后，用厨房纸将表面的水分吸干。将2克盐、2克黑胡椒碎均匀地撒在鱼肉表面，用手轻轻按压几下，并将柠檬汁挤在鱼肉上涂均，腌20分钟左右。

2 胡萝卜去皮、切细丝，洋葱去皮、切细丝，西葫芦洗净、切细丝。

3 胡萝卜丝、洋葱丝、西葫芦放入碗中，撒上1克盐、1克黑胡椒碎、橄榄油拌匀。

4 烤盘铺锡纸，先把蔬菜丝铺在上面，再把腌好的三文鱼放在蔬菜丝上面。

5 将锡纸折叠盖好，四周封死。

6 预热烤箱180℃，待烤箱预热好后放入三文鱼，上下火，中层，烤15分钟左右即可。

食材

净三文鱼肉300克，柠檬1个，胡萝卜、西葫芦各50克，洋葱半个。

调料

盐、黑胡椒碎各3克，橄榄油10克。

烘焙

烤箱中层，上下火，180℃，约15分钟。

厨房小语

1 可以根据自己的喜好，选择相配的蔬菜。
2 烤三文鱼不需要添加太多调料，柠檬汁是必不可少的，可以给三文鱼去腥增香。黑胡椒最好用现磨的，不要用黑胡椒粉，口感不一样。

蒜香烤鲈鱼

鲈鱼大部分都是清蒸，在酒店吃过油炸的蒜香鲈鱼，油炸出来不太健康，用烤箱来做蒜香鲈鱼，既保有鲜嫩多汁的口感，又有烤制的酥香。

做法

1 鲈鱼洗净后，从鱼肚开始将
鱼脊的两边切开，不要切断
鱼皮。将鲈鱼放入烤盘中，
调入盐、料酒、白胡椒粉，
并将鱼身涂抹均匀，腌制 1
小时。每隔 20 分钟就要涂
抹一次，翻面一次。

2 油锅烧热，放入蒜末，将蒜末
炸出蒜香味、略微变黄即可。

3 鲈鱼腌好后，将烤盘中的水
分倒掉。

4 把炸好的蒜末和油一起刷到
鱼身上，两面都要刷。

5 预热烤箱 200℃，待烤箱预
热好后放入鲈鱼，上下火，
中层，烤 25 分钟左右。烘
烤温度和时间依据自家烤箱
而定。

食材

鲈鱼 1 条。

调料

盐 4 克，蒜末 25 克，食用油
20 克，料酒 30 克，白胡椒
粉 3 克。

烘焙

烤箱中层，上下火，200℃，
约 25 分钟。

厨房
小语

1 鲈鱼腌好后，要把盘中的
水分倒掉，不然水太多，烤
不出酥香。
2 烤至最后几分钟要特别注
意，不要把鱼身上的蒜末烤
焦了，否则会有苦味。

烤鱼豆腐

烤鱼豆腐，是烧烤摊上经常见到的一道美味，加入了孜然粉、辣椒粉进行烘烤，外焦里嫩的口感，非常适合居家出行、户外野餐携带。

食材
鱼豆腐 300 克。

调料
食用油、孜然粉各 10 克，辣椒粉 5 克。

烘焙
烤箱中层，上下火，180℃，约 15 分钟。

厨房
小语

1 鱼豆腐超市有卖，鱼豆腐本身有咸味，盐可酌情加。
2 有烧烤料的话可以直接用，省去自己调制酱料的麻烦。

做法

1 鱼豆腐解冻，用竹签穿好后放到烤网上，用刷子刷上食用油。

2 撒上辣椒粉、孜然粉。

3 预热烤箱 180℃，待烤箱预热好后放入鱼豆腐，上下火，中层，烤 15 分钟左右，待鱼豆腐鼓起、上色即可。

Part 3 爽口清润的时蔬

12款

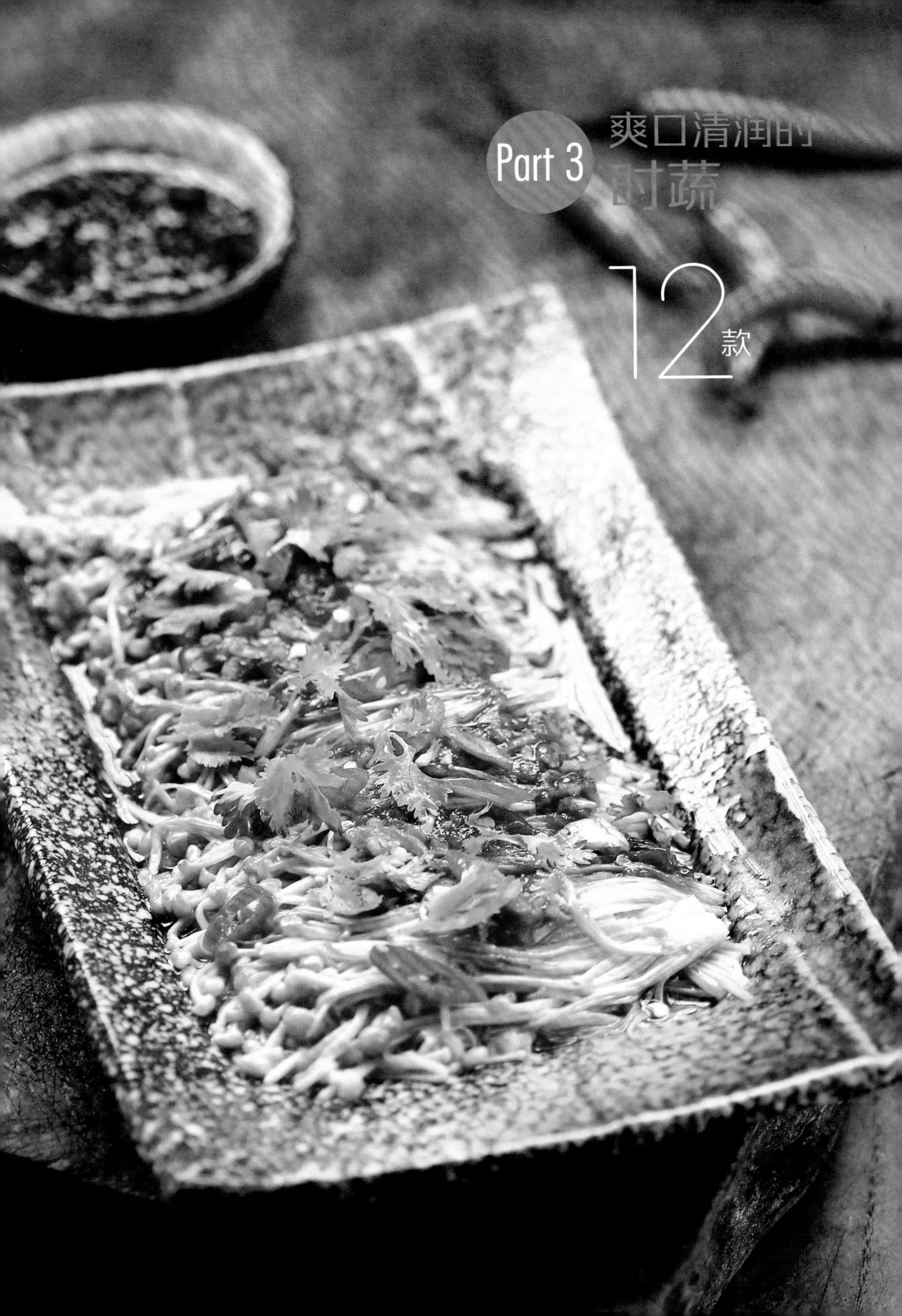

咸蛋黄焗时蔬

咸蛋黄焗时蔬，可根据自己的喜好
搭配蔬菜，多烤几分钟至奶酪外表
金黄酥脆，内里是清香的菜蔬，一
勺舀入，马苏里拉奶酪拉出细细的
丝，奶酪香伴着热气扑鼻而来。

做法

1 玉米剥下玉米粒，放入锅中煮熟，凉凉。

2 胡萝卜、黄瓜洗净，切小粒。

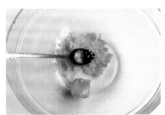

3 咸蛋黄放入碗中，用小勺压碎，越碎越好。

4 玉米粒沥干水分，和胡萝卜粒、黄瓜粒、黑胡椒粉一起放入碗中，拌匀。

5 拌匀后放入烤碗中，撒一层切碎的马苏里拉奶酪。

6 预热烤箱165℃，待烤箱预热好后放入烤碗，上下火，中层，烤15分钟左右即可。

12厘米的烤碗2个

食材
玉米2根，马苏里拉奶酪50克，咸蛋黄2个，胡萝卜、黄瓜各半根。

调料
黑胡椒粉2克。

烘焙
烤箱中层，上下火，165℃，约15分钟。

替代食材
马苏里拉奶酪→早餐奶酪

厨房小语

1 没有马苏里拉奶酪可用早餐奶酪代替，但就不能拉丝了。
2 咸蛋黄已有咸味，不用再加盐，口味重的可以适当加盐调味。

番茄焗蛋

番茄焗蛋，酸酸甜甜，爽口开胃。
多种食材的味道虽然叠加在一起，
但又各有各的滋味。

做法

1 将秋葵焯水，备用。

2 番茄去皮、切碎，秋葵、洋葱切碎。

3 烤碗内壁刷层橄榄油，方便脱模。

4 先铺一层番茄，再放入洋葱碎、秋葵碎，撒上盐。

5 将一个鸡蛋打散，两个烤碗中各倒一半。

6 每个烤碗最上层打个鸡蛋，撒上黑胡椒碎。

7 预热烤箱190℃，待烤箱预热好后放入烤碗，上下火，中层，烤25分钟左右。烤碗的大小和厚薄不同，烤制时间、温度仅供参考。

食材
番茄 1 个，鸡蛋 3 个，秋葵2 根，洋葱半个。

调料
盐 2 克，黑胡椒碎、橄榄油各适量。

烘焙
烤箱中层，上下火，190℃，约 25 分钟。

厨房小语

烘烤期间注意观察，也可根据你想要的蛋黄状态适当延长烤制时间，但注意不要烤焦。

鹌鹑蛋焗口蘑

新鲜的口蘑清香适口，独具风味，与鹌鹑蛋搭配在一起，营养、味道都好到百分百，有烤箱的朋友可别错过。

食材
大个儿口蘑、鹌鹑蛋各 8 个，培根、早餐奶酪各 1 片。

调料
盐 2 克，现磨黑胡椒碎适量。

烘焙
烤箱中层，上下火，180℃，约 20 分钟。

替代食材
培根→火腿　早餐奶酪→马苏里拉奶酪

厨房
小语

1 口蘑尽量选择较大的，太小的装不下太多馅料，口感不够丰富。也可以在鹌鹑蛋表面再撒一层奶酪碎再烤，味道更浓郁。
2 要给鹌鹑蛋留有空间，所以鹌鹑蛋尽量选择小一些的。

做法

1 培根和奶酪片切碎。
2 口蘑洗净，沥干水分，去蒂。将处理好的口蘑放入烤盘中，先把盐均匀地撒在口蘑上，再将培根碎、奶酪碎装入口蘑中（不要放太多，要给鹌鹑蛋留出空间）。
3 在每个口蘑上磕入一个鹌鹑蛋，表面均匀地撒上黑胡椒碎。
4 预热烤箱 180℃，待烤箱预热好后放入口蘑，上下火，中层，烤 20 分钟左右即可。

奶香烤玉米

奶香烤玉米用了两种玉米，一种是色泽金黄的普通玉米，一种是糯玉米，锡纸包起来烤的，出炉后，口感没有太大区别。

食材
玉米2根。

调料
蜂蜜、化开的黄油各30克，饮用水15克，牛奶45克。

烘焙
烤箱中层，上下火，220℃，约25分钟。

厨房小语

1 喜欢吃口感较嫩的烤玉米可以包锡纸，喜欢有嚼劲的可直接放在烤盘上烤。
2 每个人的烤箱脾气有所不同，玉米大小也有差异。所以，时间上也要灵活掌握。

做法

1 将玉米去皮、去须，放入锅中，加入清水没过玉米，大火加热，煮开后，以中火煮约8分钟后捞出，沥干水分。
2 用纸巾擦去玉米上多余的水分。将蜂蜜和饮用水调匀制成蜂蜜水，均匀地刷在玉米上。稍风干一下，再将牛奶均匀地刷在玉米上，2分钟后，把黄油均匀地刷在玉米上。
3 用锡纸将玉米包好。
4 预热烤箱220℃，待烤箱预热好后放入玉米，上下火，中层，烤25分钟左右即可。

锡纸娃娃菜

娃娃菜味道甘甜，不仅能炒食，也能生食，用它做汤味道也非常棒。以烤的方式做出爽口香辣的美味时蔬，虽然家常，却是滋味悠长。

做法

1 锅内放入食用油，下蒜末小火慢慢炒至金黄色。

2 放入剁椒略炒一下，调入生抽、蚝油炒匀，关火，制成料汁。

3 烤碗里铺上泡软的粉丝。

4 娃娃菜洗净，切成四瓣（如果略大的娃娃菜可多切几瓣）放在粉丝上面。

5 将料汁浇在娃娃菜上，最好是全部覆盖在娃娃菜上。

6 包上锡纸，整个烤碗都要包上，一定要包严实了。

7 预热烤箱220℃，待烤箱预热好后放入娃娃菜，上下火，中层，烤30分钟左右即可。

食材

娃娃菜1棵，泡发粉丝50克。

调料

剁椒30克，蒜末适量，生抽15克，蚝油、食用油各10克。

烘焙

烤箱中层，上下火，220℃，约30分钟。

厨房小语

1 先说重点，无论你用任何容器，锡纸一定要将容器包严实。

2 如果用薄的容器，温度可设置为180℃，烤25分钟左右。

辣香素鸡串

做法

1 小碗中放入蚝油、豆瓣酱、白砂糖、鲜椒酱，拌匀制成酱汁。

2 素鸡切块,用竹签每根穿4块。

3 烤盘中铺锡纸，放上穿好的素鸡串。

4 刷上一层食用油，四面都要刷上。

5 预热烤箱 180℃，待烤箱预热好后放入素鸡，上下火，中层，烤 15 分钟左右，烤至两面金黄，出炉后刷上调好的酱汁即可。

食材

素鸡 400 克。

调料

豆瓣酱、蚝油各 10 克，白砂糖、鲜椒酱各 5 克，食用油适量。

烘焙

烤箱中层，上下火，180℃，约 15 分钟。

厨房
小语

出炉后再刷酱汁，可以根据家里的酱料品种搭配。想吃嫩的，烤的时间可短些，想吃焦些的，烤的时间可长点。

烤金针菇

金针菇平时下锅炒，会出很多汤汁，烤金针菇热气腾腾，汤汁不多，完全渗入了调料的味道，非常入味，很是诱人。

做法

1 金针菇去掉硬根，洗净，沥干水分。

2 小红椒、细青椒洗净，切圈。

3 辣椒圈、蒜蓉放入碗中，加入黄豆酱、生抽、蒸鱼豉油、蚝油调成料汁。

4 烤盘中放入洗净的金针菇，先淋上料汁，再淋上食用油。

5 预热烤箱 200℃，待烤箱预热好后放入金针菇，上下火，中层，烤 20 分钟左右即可。

食材

金针菇 300 克。

调料

食用油、黄豆酱、生抽、蒸鱼豉油各 10 克，蚝油 5 克，蒜蓉 30 克，小红椒、细青椒各 1 个。

烘焙

烤箱中层，上下火，200℃，约 20 分钟。

厨房小语

1 调料混合后咸味已经够了，不用再放盐，以免过咸。
2 也可用锡纸包裹起来烤，汤汁会多一点。
3 如果不是不粘烤盘，需要铺一层锡纸，再放入金针菇烘烤。

黑椒杏鲍菇

黑椒杏鲍菇做法简单，杏鲍菇口感鲜嫩，烤着吃甚是美味，跟烤肉比起来有过之而无不及。

食材
杏鲍菇 300 克。

调料
橄榄油 10 克，黑椒烧烤酱 15 克，黑胡椒碎适量。

烘焙
烤箱中层，上下火，185℃，约 15 分钟。

厨房小语

1 黑椒烧烤酱超市里有售，也可以依自己的喜好调味。
2 杏鲍菇也可切片来烤，如果喜欢焦香的，可以多烤一会。烘烤的时间和温度要根据自家的烤箱来调整。

做法

1 杏鲍菇洗净，沥干水分，切滚刀块，放入烤盘中，淋上橄榄油拌匀。
2 放入黑椒烧烤酱拌匀。
3 撒上黑胡椒碎。
4 预热烤箱185℃，待烤箱预热好后放入烤盘，上下火，中层，烤15分钟左右即可。

蜜汁烤芋头

芋头最常见的做法是煮熟或蒸熟后蘸糖吃。烤芋头这个做法是偶尔试了一次，看看能不能烤熟，结果芋头不但很好熟，而且口感软糯焦香，当下酒菜或者小零食都很不错。

食材

小芋头 8 个。

调料

蜂蜜 30 克。

烘焙

烤箱中层，上下火，230℃，约 25 分钟。

厨房小语

1 烤到芋头出现焦黄的边即可，烘烤时间视自家烤箱和芋头大小而定。
2 如果觉得不甜，出炉后可以再刷一次蜂蜜。

做法

1 小芋头去皮洗净，切 4 瓣，放入碗中，加入蜂蜜拌匀。

2 烤盘中铺锡纸，放上芋头。

3 预热烤箱 230℃，待烤箱预热好后放入芋头，上下火，中层，烤 25 分钟左右，芋头出现焦黄的边即可。

孜然烤菜花

孜然的香味非常独特，它使花菜的口感丰富起来。以前觉得菜花很难熟，也不易入味，自从烤过菜花之后，才知道菜花也是可以入味的，而且可以做到少油少盐。

食材

菜花 400 克。

调料

盐 2 克，孜然粉 8 克，辣椒粉 5 克，黑胡椒碎 3 克，橄榄油 10 克。

烘焙

烤箱中层，上下火，180℃，约 15 分钟。

厨房小语

如果喜欢香辣口味，可以加入小米椒等调味。或者根据自己的喜好进行调味。

做法

1 菜花洗净，切小块，用盐水浸泡半小时，沥干水分，放入大碗中，将其他所有调料放入菜花中搅拌均匀。

2 将菜花散放在烤盘上。

3 预热烤箱 180℃，待烤箱预热好后放入菜花，上下火，中层，烤 15 分钟左右即可。

香辣烤茄子

第一次吃香辣烤茄子，就爱上了那股浓烈的香味，它不仅少油不腻，而且色香味俱全，香得诱人，辣得过瘾。

做法

1 茄子对半切开，在剖面切花刀，抹上食用油。

2 预热烤箱200℃，待烤箱预热好后放入茄子，上下火，中层，烤10分钟后取出备用。

3 蒜、细青椒、小米椒切碎，放入碗中。

4 调入蒸鱼豆豉、生抽、蚝油，拌匀制成料汁。

5 将拌好的料汁均匀地覆在茄子表面。

6 重新放入烤箱，200℃，上下火，中层，烤20分钟左右即可。

食材

长茄子2根。

调料

蒜1头，细青椒、小米椒各1个，蒸鱼豆豉、生抽、蚝油各10克，食用油5克。

烘焙

烤箱中层，上下火，分别是：200℃，约10分钟；200℃，约20分钟。

厨房小语

1 茄子不要选太老的，不然烤出来的茄子皮会很硬。

2 普通烤盘要垫上锡纸，避免烤制过程中流出的汤汁粘在烤盘上，不好清洗。

3 调料咸味已够，可不加盐。

烤什锦蔬菜，将多种蔬菜一起烤，味
道鲜香，随手可取的食材就可以，无
须固定搭配。可以试着用自己喜欢的
蔬菜试试看。

香辣烤什锦蔬菜

食材

土豆、红椒各 1 个，长茄子 1 根，西葫半个，
西蓝花 50 克。

调料

盐、辣椒粉、黑胡椒碎各 3 克，意大利混合
香草 1 克，食用油 15 克。

烘焙

烤箱中层，上下火，220℃，约 30 分钟。

厨房
小语

1 蔬菜不宜切得太碎。如果是普通烤盘，要
铺锡纸，否则会粘到烤盘上。

2 意大利混合香草在超市和网上都可以买
到。或者根据自己的口味，只添加黑胡椒、
盐就很好吃。如果喜欢吃辣的，还可以多放
一些辣椒粉或黑胡椒碎，记得是现磨黑胡椒
碎，不要用黑胡椒粉，口感会有差别。

做法

1 土豆带皮刷洗干净，纵向切成小角，长茄子、西葫芦洗净后
切成小角，红椒切块，西蓝花瓣成小朵，一起放到大碗中。

2 将所有调料放入碗中，拌匀。

3 在烤盘中铺匀蔬菜。

4 预热烤箱 220℃，待烤箱预热好后放入蔬菜，上下火，中层，
烤 30 分钟左右即可。

Part 4 花样丰盈的主食

16款

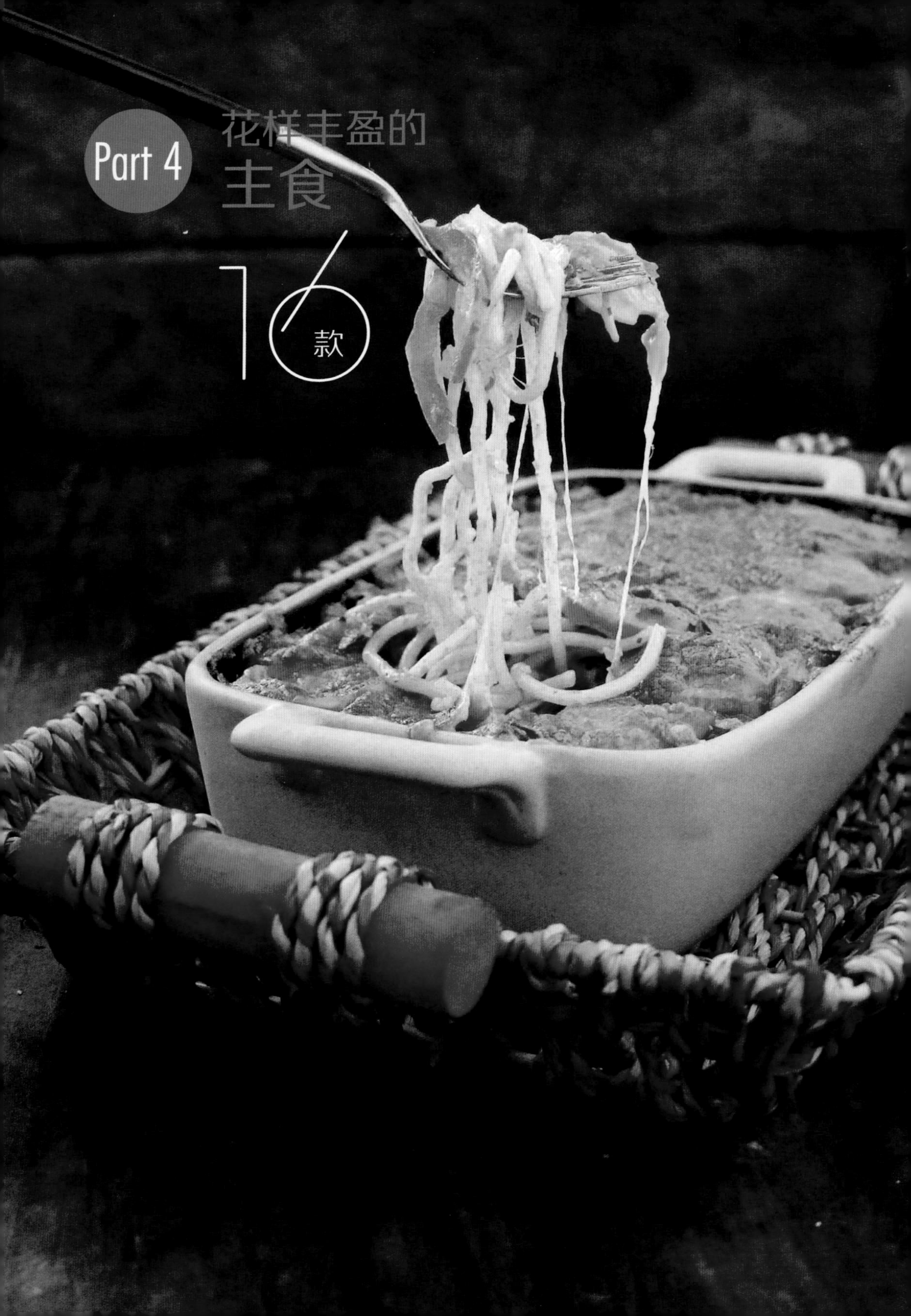

孜然烤馍片

孜然烤馍片，色泽金黄，酥脆可口，回味无穷，一直是郊游野餐的最爱。相信你也会爱上它。

食材

馒头2个。

调料

食用油、烧烤调料各适量。

烘焙

烤箱中层，上下火，180℃，约15分钟。

厨房
小语

1 馒头切成片，不要太薄，不然烤出来会很硬。
2 烧烤调料超市里有售，烧烤调料分为烧烤腌制料和烧烤撒料，这个是烧烤撒料，含有孜然粉、辣椒粉、盐，因此不用加盐调味。

做法

1 馒头切厚片。

2 把馒头片放在烤架上，先刷一层食用油，再撒上烧烤调料。

3 预热烤箱180℃，待烤箱预热好后放入馒头片，上下火，中层，烤15分钟左右。如果时间到了还没有上色，再烤5分钟即可。

膏蟹焗饭

膏蟹焗饭，蟹体内蟹黄与蟹膏
各占一半，饭粒充分吸收了膏
蟹的鲜味与蔬菜的香味，口味
鲜香不腻。

做法

1 将大闸蟹用竹签或尖刀由两眼间插入至心脏部位，先将蟹杀死，然后解开绳子，用刷子将蟹刷净，放到碗中，加入黄酒浸泡 20 分钟。

2 香菇、青椒、红椒洗净，切粒；奶酪切粒。

3 平底锅中倒入食用油，大火加热，待油四成热时放入香菇、红椒、青椒翻炒，然后放入米饭炒散，调入盐炒匀。

4 烤盘中铺锡纸，把炒好的米饭倒入烤盘中，撒上奶酪粒。

5 把大闸蟹放在炒饭上，肚子那边朝下。

6 预热烤箱 200℃，待烤箱预热好后放入大闸蟹，上下火，中层，烤 15 分钟左右，大闸蟹变红即可。

食材

大闸蟹 2 只（母），米饭 1 碗，红椒、青椒各 1 个，香菇 2 朵，早餐奶酪 2 片。

调料

食用油 10 克，盐 2 克，黄酒 30 克。

烘焙

烤箱中层，上下火，200℃，约 15 分钟。

替代食材

早餐奶酪→马苏里拉奶酪

厨房小语

1 蟹的肚皮那面朝着炒饭放，在烤制过程中，会有蟹黄流到米饭里，会更好吃。
2 笼屉里铺荷叶或粽叶，炒饭放笼屉端上桌，变身为一道极好的宴客菜。

蘑菇鸡肉焗饭

有一种集众味于一碗的饭，那就是焗饭，焗饭大概也是这世间最好的处理剩饭的方法了，加入奶酪放到烤箱里烤一烤，味道就出来了，清香给予味觉以悠长的冲击。

做法

1 鸡胸肉洗净，切粒，放入料酒、白胡椒粉腌制10分钟。

2 口蘑、番茄、洋葱、青椒洗净切块。

3 锅烧热，倒入食用油加热，放入腌好的鸡肉炒至变白。

4 再加入口蘑、番茄、洋葱、青椒翻炒，调入生抽、白砂糖、盐炒匀。

5 加入米饭炒匀。

6 炒好的饭菜放入烤碗中。

7 表面撒一层马苏里拉奶酪。

8 预热烤箱190℃，待烤箱预热好后放入烤碗，上下火，中层，烤25分钟左右，奶酪烤至金黄色即可。

食材

鸡胸肉200克，米饭1碗，口蘑2个，洋葱半个，青椒、番茄各1个，马苏里拉奶酪120克。

调料

料酒、生抽各10克，白砂糖5克，盐、白胡椒粉各2克，食用油适量。

烘焙

烤箱中层，上下火，190℃，约25分钟。

厨房小语

蔬菜可依自己的喜好搭配，马苏里拉奶酪可用早餐奶酪替代，但拉不出丝了。

照烧鸡腿饭（烤箱版）

照烧是日文 Teriyaki 的中文直译，是知名日本菜肴及烹饪方法。通常是指烧烤肉品过程中，加了酱油和糖的调料汁，外层形成红亮的颜色。一份好吃的照烧鸡腿饭，酱汁渗透到每一粒米当中，香浓四溢。

厨房
小语

1 蔬菜可根据个人喜好搭配，不放配菜也行。

2 调照烧酱汁时，可按个人口味适当调节甜咸。

日式照烧酱汁

做法

1 洋葱和蒜切片。
2 所有材料放入小锅中，大火煮开，转小火煮20分钟。
3 煮至汤汁略浓稠，捞出所有材料，只保留汤汁。

食材
味淋70克（可用糯米酒代替），酱油30克，白糖40克，蚝油15克，料酒50克。

辅料
大料1个，饮用水60克，蒜1瓣，姜2片，洋葱1/3个，肉桂1小块。

替代食材
味淋→糯米酒

照烧鸡腿饭

做法

1 鸡腿洗净，用刀扎几下以便入味，放入大碗中，放入照烧酱汁，腌制2小时以上，放入烤盘中。
2 预热烤箱180℃，预热好后放入烤盘，上下火，中层，约烤15分钟。将米饭和鸡腿装在盘内。
3 锅中放入适量水，水开后放入盐、食用油，将香菇、胡萝卜片、油菜放入锅中焯熟，与鸡腿饭一起食用。

材料
米饭1碗，鸡腿1个。

调料
盐5克，食用油少许，照烧酱汁30克。

配菜
香菇1朵，胡萝卜片30克，油菜1棵。

烘焙
烤箱中层，上下火，180℃，约15分钟。

蛋黄盘丝饼

蛋黄盘丝饼，外层金黄酥脆，内层
酥软油润，热食不油腻，凉吃不散口。
如果你喜欢，还可以用手撕开来吃，
面丝牵连，体会不一样的感觉。

食材
中筋面粉 160 克，水 100 克，
干酵母 2 克，盐 1 克，咸蛋
黄 3 个，玉米油 10 克，白芝
麻适量。

烘焙
烤箱中层，上下火，180℃，
约 20 分钟。

做法

1 中筋面粉中加入干酵母、盐，然后加入水，揉成面团。用力多揉几分钟，使面团变得光滑充满弹性。揉好的面团放在大碗里，盖上保鲜膜或湿布，室温发酵 30 分钟。

2 咸蛋黄放入微波炉，高火加热 1 分钟左右，或者用烤箱烤熟（如果是熟咸蛋黄可直接使用）。将咸蛋黄用刮刀或勺子背压碎。在压碎的咸蛋黄中加入玉米油，拌匀，使它成为湿润的泥状。

3 面团发酵好后，将面团擀成长形薄片，将咸蛋黄泥均匀而薄薄地涂抹在上面。

4 将面团卷起来，卷好以后用刀切成小段。

5 把两段重叠。

6 拉长，拧成麻花状。

7 卷成团，按扁。

8 粘上白芝麻，放到烤盘中。

9 预热烤箱 180℃，待烤箱预热好后放入烤盘，上下火，中层，烤 20 分钟左右，直到表面变黄变酥即可出炉。

厨房小语

1 咸蛋黄要尽量压得细碎一些。

2 面粉的吸水量不同，水的量可适当加减，面团中加入少量酵母，进行了轻微的发酵。但不需要发酵得太厉害，轻微的发酵让饼的口感更松软，却不会给人吃发面饼的感觉。

梅干菜酥饼

梅干菜酥饼，色泽金黄，酥酥的皮儿，香香的馅儿，湿润香醇不干燥，吃起来酥脆夹口，油而不腻，风味独特。

食材

烫面团：热水 45 克，中筋面粉 110 克，玉米油 30 克，白砂糖 10 克。

冷面团：冷水 45 克，中筋面粉 110 克，玉米油 30 克，白砂糖 10 克。

油酥：中筋面粉 100 克，玉米油 80 克。

内馅：梅干菜 200 克，猪肉馅 150 克，生抽 10 克，盐 2 克，白砂糖 5 克，食用油适量。

表面装饰：白芝麻少许。

烘焙

烤箱中层，上下火，170℃，约 20 分钟。

做法

1 烫面团食材中的中筋面粉加热水，用筷子搅拌成雪花状，加入玉米油、白砂糖，揉成面团。冷面团中的中筋面粉、冷水、玉米油、白砂糖混合揉成面团。

2 将两个面团揉在一起，放碗中盖保鲜膜，醒20分钟。

3 锅中放食用油，将梅干菜、猪肉馅炒香，加入生抽、盐、白砂糖炒匀制成内馅。

4 将油酥食材里的玉米油放锅里烧热，关火，倒入中筋面粉中，成流动的面粉糊，然后放凉。

5 将醒好的饼皮面团擀成面皮，然后将油酥均匀涂抹在上面。

6 将面皮卷起来，面皮接头处朝上，擀成长条状，用刀切成9块。

7 包入馅料，压扁。

8 放入烤盘，撒一点白芝麻。

9 预热烤箱170℃，待烤箱预热好后放入饼，上下火，中层，烤20分钟左右，烤至饼皮变成黄色即可。

 厨房小语

1 面粉的吸水量不同，水的量可适当加减。

2 烘烤时间和温度，具体看自家烤箱和酥饼上色情况决定，最好不要超过200℃。

洋葱牛肉饼

洋葱牛肉馅饼用的是半发面，著名的天津狗不理包子就是用的半发面。半发面的做法是把酵母与面粉和成面团后，醒20分钟，直接做馅饼就可以了，面皮慢慢受热后，就能发起来了，做出的馅饼吃起来口感绵软，蓬松好吃。

做法

食材
中筋面粉 200 克，燕麦粉 50
克，酵母 3 克，牛肉 300 克，
洋葱 1 个，水 165 克。

调料
盐 2 克，生抽 15 克，料酒
10 克，五香粉、白砂糖各 3 克，
香油、食用油各适量。

烘焙
烤箱中层，上下火，180℃，
约 25 分钟。

厨房
小语

1 面粉的吸水量不同，水的
量可适当加减。
2 也可用平底锅，慢慢烙至
两面金黄，但必须要勤翻面，
不如烤箱方便。

1 中筋面粉、燕麦粉中加酵母、水，揉成较柔软的面团，用保鲜
  膜盖上，醒 20 分钟。

2 牛肉切末，加盐、生抽、白砂糖、料酒、五香粉、香油，沿着
  同一个方向搅拌均匀即为牛肉馅。

3 洋葱切末，放入牛肉馅中，拌匀。

4 将醒发好的面团用力搓揉几分钟，分成核桃大小的剂子，擀
  成皮。

5 包入馅料，捏紧，压扁。

6 烤盘刷一层食用油，放上饼，饼上再刷一层油，这样烤出来口
  感会很酥脆。

7 预热烤箱 180℃，待烤箱预热好后放入饼，上下火，中层，烤
  25 分钟左右，烤至两面金黄即可。

烤紫薯饼

紫薯饼既美味又饱腹。它的口感软
糯，味道清甜，吃起来总不会让人
失望。

做法

1 紫薯洗净，去皮，切片，隔水
蒸熟，放入保鲜袋内压成泥。

2 紫薯泥中加入炼乳、牛奶搅
拌均匀。

3 再放入糯米粉揉成光滑的
面团。

4 取一份面团，压扁后包入蜜
豆，包好后压成圆饼。

5 紫薯饼粘上白芝麻，放入烤
盘中。

6 预热烤箱180℃，待烤箱预
热好后放入饼，上下火，中层，
烤20分钟左右即可。

食材

蜜豆150克，紫薯400克，
炼乳20克，糯米粉、牛奶各
60克。

表面装饰：白芝麻适量。

烘焙

烤箱中层，上下火，180℃，
约20分钟。

厨房
小语

紫薯的含水量不同，牛奶可
酌量加减，太湿的话会很黏
手，不好操作。

韩式辣烤年糕

韩式辣烤年糕，是韩剧里出镜率非常高的一道美食，它制作的关键在于酱本身，韩国产的甜辣酱偏甜，国内产的偏咸，可依自己的口味进行选择。

做法

1 年糕放入锅中，水开后煮2
  分钟，使其变软，捞出放冷
  水里浸泡一下。

2 韩式甜辣酱加生抽调匀即为
  酱汁（因为韩式甜辣酱很稠，
  用生抽最好稀释一下）。

3 烤盘里铺锡纸，刷上一层油。

4 年糕用签子穿好，放到烤盘
  中，两面刷酱汁。

5 上面刷一层食用油，避免
  烤干。

6 撒上白芝麻。

7 烤箱预热180℃，待烤箱预
  热好后放入烤盘，上下火，
  中层，烤15分钟左右即可。

食材

年糕 500 克。

调料

韩式甜辣酱 30 克，生抽、食
用油各 10 克，白芝麻适量。

烘焙

烤箱中层，上下火，180℃，
约 15 分钟。

厨房
小语

年糕是超市里卖的那种火锅
年糕，也可烤块状的年糕，
不用签子，直接放烤盘里烤。

番茄焗饺子

番茄焗饺子，是剩饺子最华丽的变身，铺上番茄碎，再撒上奶酪碎焗熟，酸甜鲜香，奶酪味浓郁。

做法

1 锅中放油烧热，放入饺子煎
　至微黄。

2 将番茄洗净，去皮，火腿肠、
　番茄、奶酪片切粒。

3 饺子放入烤碗中，撒上火腿粒。

4 番茄粒均匀地铺在饺子上。

5 鸡蛋打散，淋在饺子上。

6 铺上奶酪粒。

7 预热烤箱170℃，待烤箱预
　热好后放入饺子，上下火，
　中层，烤20分钟左右，直
　到表面金黄即可出炉。

食材
饺子10个，鸡蛋2个，番茄
1个，火腿肠1根，早餐奶
酪3片。

调料
食用油少许。

烘焙
烤箱中层，上下火，170℃，
约20分钟。

替代食材
早餐奶酪→马苏里拉奶酪

厨房
小语

1 可以根据自己的喜好加洋
葱、香菇、虾仁、胡萝卜、
肉丝等。
2 口味重的出炉后可撒点黑
胡椒、沙拉酱、蛋黄酱之类
的调味品。

烤香菇素包

烤香菇素包用的馅料是香菇、圆白菜、木耳，是一款内里清新爽口，外皮酥脆，营养丰富的素馅包子。

做法

1 香菇、圆白菜、木耳洗净切末，放入大碗中。

2 葱、姜切末，放入大碗中，调入盐、甜面酱、花生油、香油、调馅粉搅拌均匀制成馅料。

3 面粉加入酵母，用温水和成面团，放置温暖处醒发至2倍大。

4 将面团下剂，擀皮。

5 放入馅料。

6 包成包子。

7 将包好的包子放入烤盘中，刷上蛋液（额外准备）。

8 预热烤箱210℃，待烤箱预热好后放入包子，上下火，中层，烤20分钟左右即可。

食材

香菇、中筋面粉各300克，圆白菜、泡发木耳各100克，酵母4克，温水180克。

调料

葱20克，姜、甜面酱各10克，盐4克，花生油15克，香油、调馅粉各5克。

烘焙

烤箱中层，上下火，210℃，约20分钟。

厨房小语

1 面粉的吸水量不同，水的量可适当加减。

2 包子外面刷蛋液，是为了烤出来更脆、色泽更好。

三文鱼焗意面

意大利面真的是不难做的，主要是酱汁调料的搭配。这里用的是番茄蔬菜风味酱，超市有各种意面酱和比萨酱可以选用，番茄蔬菜的鲜味与奶酪的味道相得益彰。

食材

番茄蔬菜风味酱 150 克，三文鱼、马苏里拉奶酪、意大利面各 100 克，口蘑 2 个，洋葱、烤肠、青椒各 30 克。

调料

黑胡椒 1 克，橄榄油 10 克。

烘焙

烤箱中层，上下火，220℃，约 20 分钟。

做法

1　三文鱼切小丁。

2　洋葱切块，青椒切丝，烤肠切片，口蘑切片。

3　锅中放入橄榄油烧热，放入洋葱块爆香，下三文鱼丁炒至变白，
　　下口蘑片。

4　调入番茄蔬菜风味酱，撒黑胡椒，炒匀即可。

5　取深口锅加水烧开，下意大利面，煮 8 分钟。

6　将煮好的意面放入烤碗中。

7　铺上炒好的三文鱼和口蘑，再铺上青椒丝、烤肠片。

8　撒上马苏里拉奶酪。

9　预热烤箱 220℃，待烤箱预热好后，将意面放入烤箱烤 20 分
　　钟左右即可。烘烤时间依自家烤箱调整。

厨房
小语

番茄蔬菜风味酱超市有售，
也可以依自己的口味搭配。

意面比萨

意面比萨是一款不需要面粉和酵母的比萨。意面要在水沸腾的时候放入锅中，在水里加一些盐，面煮出来筋道。然后与帕尔玛干酪粉调制的鸡蛋液混合，烤出来的比萨底别有一番风味。

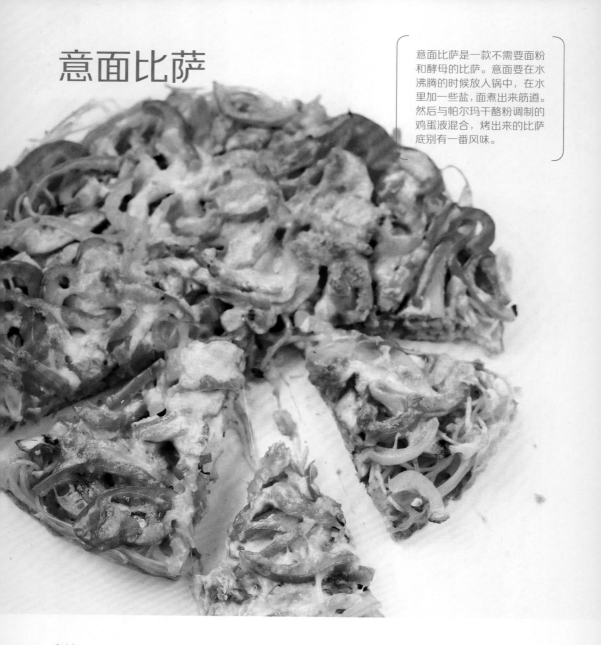

食材

意大利天使面（细意面）100 克，鸡蛋 1 个，马苏里拉奶酪 150 克，红金枪鱼 50 克，口蘑 2 个，洋葱、红椒、黄椒、青椒各半个。

调料

比萨酱 30 克，卡夫奶酪粉（帕尔玛干酪制）20 克，盐、黑胡椒碎各 2 克，全脂牛奶 10 克。

烘焙

烤箱中层，上下火，200℃，分别约 15 分钟、20 分钟。

做法

1 红金枪鱼切丁。

2 红金枪鱼放入碗中，加入盐、黑胡椒碎腌制10分钟。

3 锅中放入清水，加少许盐，下入意面略煮3分钟左右至有嚼劲即可。盛出意面，用凉水冲至凉透，放在比萨盘里备用。

4 鸡蛋、牛奶和卡夫奶酪粉混合搅拌均匀。

5 将鸡蛋糊均匀地倒入盛有意面的比萨盘里，使鸡蛋糊与意面混合融为一体。

6 预热烤箱200℃，预热好后放入比萨饼，上下火，中层，烤15分钟。

7 饼底烤好后拿出，抹上比萨酱，撒上红金枪鱼丁。

8 洋葱、口蘑、红椒、黄椒、青椒洗净切丝，铺在比萨饼上。

9 撒上马苏里拉奶酪后再次放入烤箱烤20分钟左右，直到马苏里拉奶酪化开且有一点焦黄即可。

厨房
小语

1 卡夫奶酪粉是由纯帕尔玛奶酪制成的，大型超市和网上有售，没有可替代的食材。
2 蔬菜可根据个人喜好选择，菌菇、火腿都可以。

火腿干酪卷

火腿干酪卷用的是厚底比萨面饼，面要发酵得恰到好处，才有面香和韧劲，与火腿、奶酪搭配，口感酥脆，奶香四溢。

做法

食材

高筋面粉 150 克，温水 95 克，酵母 3 克，早餐奶酪、火腿各 6 片。

调料

橄榄油 15 克，盐 3 克，白砂糖 8 克。

烘焙

烤箱中层，上下火，210℃，约 15 分钟。

厨房
小语

1 早餐奶酪有天然和再制两种，两种都可以选，本款火腿干酪卷用的就是再制干酪。
2 面粉的吸水量不同，水的量可适当加减，做法类似于做比萨。

1 将酵母倒入温水中，搅拌至化，加入面粉、橄榄油、盐、白砂糖，搅拌成絮状，用手反复揉捏至面团光滑不粘手（不用像揉面包面团那样揉出膜）。放入盆中，盖保鲜膜，进行一发。

2 面团发至原体积 2 倍大，即一发完成（可以用手指粘适量面粉在面团中戳一个洞，观察面团不回缩、不塌陷即成）。

3 取出面团，稍稍排气，整理滚圆后盖保鲜膜，醒发 10 分钟左右。

4 然后将面团擀成长薄片，铺上奶酪片，再铺是火腿片。

5 然后从长的那边将面皮小心卷起，卷紧一点，卷成长棍状，压实密合。

6 将面卷均匀地切成 8 份，平放在烤盘上。

7 预热烤箱 210℃，待烤箱预热好后放入烤盘，上下火，中层，烤 15 分钟左右，等到面卷颜色金黄、奶酪化开发泡即可。

奶酪烤饭团

若是带上它去野餐，在那春日温暖的阳光之下，像一朵清丽的小花。也可按照自己的口味添加点料，似乎总能做出与众不同的口味。

做法

1　三文鱼切丁。

2　锅中加清水，放入三文鱼煮熟，捞出，沥干水分。

3　煮熟的三文鱼放入米饭中，调入黑胡椒碎、盐。

4　倒入打散的鸡蛋和化开的黄油。

5　用手拌匀，揉成饭团。

6　将饭团放到烤盘中，每个盖1片大小适中的奶酪片，用海苔丝点缀。

7　预热烤箱180℃，待烤箱预热好后放入烤盘，上下火，中层，烤15分钟左右至奶酪化开即可。

食材

米饭1碗，净三文鱼肉150克，鸡蛋1个，早餐奶酪6片。

调料

黄油10克，黑胡椒碎、盐各2克，海苔丝适量。

烘焙

烤箱中层，上下火，180℃，约15分钟。

 厨房小语

这款饭团很清淡，爽口不腻，适合配其他小菜食用，如韩国泡菜、辣白菜等。

秋葵焗蛋燕麦粥

想减肥又不爱喝牛奶的朋友，可以试试这款秋葵焗蛋燕麦粥。燕麦片有一定的饱腹感，既可以作早餐，也可以作甜点，丰盈的口感让人爱不释手。

做法

1 秋葵放入小锅中焯水，捞出切片。

2 牛奶加燕麦片煮开，凉至微温。

3 将牛奶燕麦片倒入打散的蛋液中。

4 加入白砂糖搅拌均匀。

5 将混合后的蛋液倒入烤碗中，放入秋葵。秋葵会自己浮起来，不讲究卖相的话可以一股脑儿倒进去。

6 烤碗要用锡纸封好，否则表面容易烤过头。

7 烤盘中加水，与烤箱一起预热180℃，待烤箱预热好后放入烤盘，上下火，中层，烤30分钟左右即可。

食材

秋葵2根，牛奶220克，即食燕麦片60克，鸡蛋2个。

调料

白砂糖10克。

烘焙

水浴法，烤箱中层，上下火，180℃，约30分钟。

厨房小语

切记一定要加盖锡纸水浴烤，这样口感才会嫩。

下篇
不易失败的
烘焙小食

30 款

01

曲奇饼干烘焙入门知识

黄油的软化与打发

黄油分为有盐和无盐两种，在烘焙时一般选择无盐黄油。

黄油的室温软化：用手指轻压可以被手指压出凹陷的程度为准。

完全加热至化：即直接加热成液体。

快速软化黄油：可以把黄油隔水放在30℃左右的温水中，快速使黄油软化。如果在夏天，可以把黄油切小块，放在室温下软化。

- -

黄油如何打发：室温软化的黄油用打蛋器打至体积膨胀、颜色发白后，分次加入细砂糖和盐，搅拌至砂糖完全化开；最终打发的黄油会变得蓬松、轻盈，颜色随之变浅，体积也会变大，外表呈羽毛状时，即表明黄油已经打发完成了。蓬松的黄油加入面粉很好搅拌，挤曲奇花的时候很轻松就能挤出花纹。

黄油加蛋打发："量小次数多"是黄油加蛋打发的要点，即每次加一点，分多次加入鸡蛋液。这样做的目的是让鸡蛋和黄油彻底乳化，不会产生油蛋分离的情况。

粉类最好都过筛

制作饼干最常用的材料就是面粉，通常还有其他粉类，如泡打粉、玉米淀粉、可可粉等干粉状材料，过筛能去除结块，可以使其跟液体材料混合时避免出现小疙瘩。

大小要均匀一致

在饼干的制作中，要尽量做到每块饼干的薄厚、大小都比较均匀，这样在烘烤时，成熟度、颜色才会一致。

曲奇花纹消失的原因

由于曲奇饼干的面团具有延展性，延展性越好的饼干面团，在烤焙的时候越容易舒展膨胀，延展性越差的饼干面团，在烤焙的时候越容易保持其原来的形状。因此可以通过降低曲奇面团的延展性，来保证曲奇的花纹不会消失。

曲奇一般在190~200℃烘烤是最佳的，低温烘烤，也是花纹消失的原因之一。

如何降低曲奇面团的延展性

因为面粉筋度越高，面团的延展性越差，曲奇更容易保持花纹的清晰。

其次，面团的含水量越高，延展性会越好。太湿的话，面团花纹会消失，但是太干的话，面团挤出花纹会很费劲，所用控制好面团的含水量也很重要。

糖在曲奇的制作过程中也扮演着重要的角色，颗粒越粗的糖，越能增加面团的延展性。相反，颗粒越细的糖，就越能降低面团的延展性。而在曲奇的配方中，细砂糖和糖粉是同时存在的，这是为了平衡曲奇的延展性。

如果只用糖粉，曲奇的延展性过低，饼干会不够酥松；如果不用糖粉，曲奇的延展性会过高，花纹不易定型。使用质量不过关，颗粒不够细的糖粉，也会导致曲奇花纹消失了。

蛋糕烘焙入门知识

戚风、海绵、天使蛋糕的区别

蛋糕分很多种，而烘焙入门的基础便是戚风蛋糕、海绵蛋糕、天使蛋糕。这三种蛋糕最本质的区别不在原料上，而在制作工艺上。

◎戚风蛋糕：鸡蛋的蛋清和蛋黄分离，先将蛋黄与面粉混合成蛋黄糊，再将蛋白单独打发，然后再将蛋黄糊和蛋白糊混合而成。

◎海绵蛋糕：最传统的蛋糕，将整个鸡蛋全部倒入打蛋盆中，进行全蛋打发。打发后，加入油脂、粉类、糖制作而成。

◎天使蛋糕：将鸡蛋的蛋清和蛋黄分离出来，只用蛋清进行打发，舍弃了蛋黄。再加入面粉、糖制作而成。

鸡蛋的打发

打发，是西点烘焙中最常用的方法，是指将材料以打蛋器用力搅拌，使大量空气进入材料中，在加热过程中使成品膨胀，口感更为绵软。一般分为打发蛋清、全蛋、黄油、淡奶油等。

鸡蛋的打发分为分蛋打发和全蛋打发。

◎分蛋打发：是指蛋清与蛋黄分别搅拌，待打发后，再合为一体的方法。蛋清的打发首先要保证容器无水无油，它有两种状态，湿性发泡和干性发泡。

湿性发泡：蛋清打起粗泡后加糖搅打至有纹路且雪白光滑，拉起打蛋器时有弹性、挺立，但尾端稍弯曲。

干性发泡：蛋清打起粗泡后加糖搅打至纹路明显且雪白光滑，拉起打蛋器时有弹性而尾端挺直。

◎全蛋打发：是指蛋清、蛋黄与砂糖一起搅打的方法，一般要隔热水打发。全蛋打发时，因为蛋黄加热后可减低其稠性，增加其乳化液的形成，加速与蛋白、空气拌和，使其更容易起泡而膨胀，所以要隔热水打发。

蛋糕面糊的混合手法

◎分蛋式蛋糕的搅拌方式：蛋白糊浓度低，蛋黄糊浓度高，所以要将部分蛋白糊放入蛋黄糊中搅拌，才能更好拌匀，以切拌的手法或类似翻炒的手法轻轻拌匀，以免蛋白消泡。再将拌好的蛋白蛋黄糊倒入剩余的蛋白糊中，拌匀后倒入模具中，在桌子上震几下，震出大气泡，放入烤箱。

◎全蛋式蛋糕的搅拌方式：把低筋面粉提前过筛 2 遍，然后筛入打发的蛋糊中，这样不会成团，拌出来的蛋糕糊更蓬松。以翻拌手法混合，用橡皮刀小心地从底部往上翻拌，使蛋糊与面粉完全混合均匀。最后要加入黄油，直接加较难拌匀，而且易消泡，可先用一点蛋糕糊和化开的黄油拌一下，然后再倒入蛋糕糊中翻拌。

裱花蛋糕的淡奶油打发

蛋糕裱花，淡奶油打发相对要简单一些，动物淡奶油在打发时，在下面放一盆冰，隔冰打发，则更容易打发，先低速搅至奶油浓稠至无法流动，再用电动打蛋器高速搅打，搅打至淡奶油表面出现不会消失的纹路，即为打发成功。这个是打发的极限，再打就要油水分离了，奶油会像豆腐渣一样很粗糙，影响蛋糕的美观。

蛋糕如何去腥

蛋糕的制作过程中加点朗姆酒、香草精、柠檬汁或者柠檬皮屑，不仅中和了蛋腥味，而且烤出来的蛋糕会有淡淡的香味。

怎样判断蛋糕是否烤熟

用牙签插入蛋糕内部，抽出牙签后，上面是干爽的，说明蛋糕熟透了。另外，插入的部位也很重要，一定要插到蛋糕的中心部位，因为中心部位最难熟，中心熟了周边肯定也就熟了。

如何烤奶酪蛋糕（即芝士蛋糕）

奶油奶酪的软化

烤奶酪蛋糕时，奶油奶酪必需软化到位，在使用之前一定要静置 30 分钟，让奶油奶酪恢复至室温，因为它越软就越容易与其他材料混合。

用水浴法来烤

奶酪蛋糕是一种蛋奶沙司，最有效的就是用水浴法来烤，此方法烤出的奶酪蛋糕会很软糯，颜色不会变黑，也不会有凝结块或裂纹。水浴法就是在烤盘里放上开水，把蛋糕模放在装水的烤盘里烤。为了防止烤盘里的水浸入，用锡纸把蛋糕盘底部及盘壁的一半完全包好。

防奶酪蛋糕开裂

奶酪蛋糕开裂是硬伤，想要奶酪蛋糕不裂，温度很关键，如果烤箱温度过高（特别是底火高），会导致开裂。但是烤箱火候各异，有人 160℃，有人 140℃，都正常。合适的温度，你只能和你家的烤箱去商量了，自行调整。

选择小模具降低开裂风险，模具越小，开裂的风险也越小。一个 8 寸模具的量若分成 2 个椭圆形的奶酪蛋糕模来烤，那么开裂的风险就减少了。一般蛋白打发与温控都做好后，再选个小点的模具，就更保险了。

奶酪蛋糕脱模

奶酪蛋糕需要彻底冷却，最好冷藏过夜。先用小刀沿内侧轻划一圈，防止粘连，取一个大盘子铺上油纸，把奶酪蛋糕倒扣在盘子上，取下模具，再用另一个大盘扣在奶酪蛋糕底部，反转盘子，使有油纸的一面向上，小心取下油纸，尽量不要把蛋糕表面剥离。如果有任何破损，可用巧克力糖酱、水果酱或甜的酸奶油来补救。

面包比萨烘焙入门知识

高筋面粉的选择

做面包需要用高筋面粉，这是面包组织细腻的关键之一。高筋面粉又称强筋面粉，蛋白质含量在 12% 以上，因蛋白质含量高，所以它的筋度强。

也可选择蛋白质含量为 12% 以上的小麦麦芯粉，包装上都可看到标识。也可以购买专用的面包粉。

面包的 4 种制作方法

面包的制作中，因发酵方式不同，可分为直接法、汤种法、烫种法、中种法。

◎直接发酵法：这种方法省时简便，适合绝大部分的面包品种。即将所有的配方材料全部加入，一次性搅拌成需要的面团，再进行发酵、分割、整形和烘焙。

◎汤种发酵法：是将面粉和水混合，使面粉中的淀粉糊化，或者将热水冲入面粉中，使用这种方法糊化的面糊称为汤种。汤种再加其他材料发酵、整形、烘烤而成的面包称为汤种面包。

◎烫种发酵法：烫种法是在面团中加入熟面糊，能够提高面包的持水量，面包倍加柔软，能有很好的拉丝效果，保湿时间极大地延长。65℃汤种法是烫种法的改良法，即为将面粉加水后加热至 65℃，使淀粉糊化。

◎中种发酵法：是分两次搅拌的方法，即先将一部分材料搅拌成面团，形成中种面团，使其经过一段时间发酵，再加入剩余材料一起搅拌成主面团，接下来步骤不变，继续把面包做完即可。另有冷藏中种法，将中种面团放入冰箱冷藏隔夜发酵。

面包制作的关键步骤：搅拌面团

搅拌面团，就是揉面，是决定面包制作成败的重要环节。面粉加水以后，通过不断搅拌，面粉中的蛋白质会渐渐聚集起来形成面筋，搅拌得越久，面筋形成越多。

根据面团搅拌的不同程度，可分为扩展阶段和完全扩展阶段，很多甜面包为了维持足够的松软，不需要太多的面筋，只需要揉至扩展阶段即可。而大部分吐司面包，则需要揉至完全扩展阶段。

◎扩展阶段：通过不停搅拌，面筋有一定的韧性，用手抻开面团，可以形成一层薄膜。取一小块面团，用手抻开，当面团能够形成透光的薄膜，虽能抻出半透明的薄膜状，但是容易被抻破，破洞的周围呈不规则的锯齿形状。

◎完全扩展阶段：继续搅拌，到面筋性更强韧，能形成坚韧的薄膜，用手捅不易破裂，甚至可以罩住整个手掌，是手套膜阶段，也是完全阶段的终极状态，这样的面团做吐司效果最好。如果到达了完全阶段，还继续揉，接下来的面团就会揉过头而不适合做面包了。

面包的发酵

发酵是决定面包制作成败的第一大重点因素。可分为基础发酵、中间发酵、最后发酵。

◎基础发酵：一般家庭制作时，可将面团放入容器中盖上盖子或湿毛巾，然后放入密闭的微波炉或烤箱中发酵。也可使用面包机的发酵功能，28℃进行发酵，需要1小时左右即可完成发酵，这样比较方便。

◎中间发酵：中间发酵也称中间松弛，是为了接下来的面团整形。如果不经过中间松弛，面团会非常难以伸展，不易整形。中间发酵在室温下进行即可，一般为15分钟。

◎最后发酵：又叫第二次发酵，把整形好的面团排入烤盘，不再移动位置，放入温暖湿润处发酵至原体积的2倍大即可。一般要求在38℃左右，湿度为75%，时间是30~45分钟。

可将面团在烤盘上排好，放入烤箱，在烤箱底部放一盘开水，关上烤箱门，水蒸气会在烤箱这个密闭的空间营造出需要的温度与湿度。如果开水冷却后，发酵没有完全，需要及时更换。

怎么判断面团已经发酵好了呢？普通面包的面团，一般能发酵至2~2.5倍大，用手指粘面粉，在面团上戳一个洞，洞口不会回缩即表明发酵完成。

厚底比萨与薄底比萨的区别

比萨有薄底和厚底之分，一般来说薄底是意式的，厚底是美式的。

美式的比萨软些，意式的比萨比较脆、有嚼头，味道上分别不大，主要是面饼上有分别。

比萨面团中为什么要加低筋面粉

比萨面团中加低筋面粉，是为了平衡面团的筋度，高筋面粉筋度太高，擀面皮时面团回缩很快。而且，用混合粉做成的饼底既有韧性又有嚼头，蓬松又好吃。

比萨酱和番茄酱的区别

番茄酱是鲜番茄的酱状浓缩制品，一般不直接入口，主要用于做菜调味，必须经过烹饪处理后食用。

比萨酱是由番茄混合纯天然香料秘制而成，具有风味浓郁的特点。

比萨酱比番茄酱有更浓的香味，口感上更有层次感。如果在制作比萨时材料中加有洋葱等辛香材料，那么用番茄酱代替比萨酱基本上对比萨的口味没有太大的影响。

番茄酱和番茄沙司的区别

番茄酱是鲜番茄的酱状浓缩制品，一般不直接入口，必须经过烹饪处理后食用。

而番茄沙司是番茄酱加糖、醋、盐，在色拉油里炒熟，调制出的一种酸甜调味汁，可以直接食用。而从营养角度来说，番茄酱的番茄红素含量要高于番茄沙司，番茄沙司口味更咸。

泡芙挞派烘焙入门知识

烤好基础泡芙的几个关键点

◎关键之一：怎么能让泡芙很好地膨胀起来

在制作过程中，首先一定要将面粉烫熟，烫熟的淀粉发生糊化作用，能吸收更多的水分。在烘烤的时候，面团里的水分成为水蒸气，将面皮撑开，形成一个个鼓鼓的泡芙。因此，充足的水分是泡芙膨胀的原动力。

◎关键之二：怎样的干湿度最好

泡芙面团的干湿度直接影响了泡芙的成败。面糊太湿，泡芙不容易烤干，表皮不酥脆，容易塌陷；面糊太干，泡芙膨胀力度减小，膨胀体积不大，内部空洞小。将泡芙面团用木勺或者筷子挑起，面糊呈倒三角形状，尖端离底部4厘米左右，并且能保持形状不会低落，泡芙面团就达到了完好的干湿度。

◎关键之三：正确的烤制温度和时间

温度与时间也非常关键。一开始用210℃的高温烤焙，使泡芙内部的水蒸气迅速挥发出来，让泡芙面团膨胀。待膨胀定型以后，改用 180℃，将泡芙的水分烤干，烤至表面黄褐色，泡芙出炉后才不会塌下去。烤制过程中一定不能打开烤箱，因为膨胀中的泡芙如果温度骤降，就会塌下去。

泡芙制作问与答

1. 泡芙到底应该用高筋面粉还是低筋面粉来做？

高筋、低筋、中筋面粉都可以制作泡芙。但是低筋面粉的淀粉含量高，理论上糊化后吸水量大，膨胀的动力更强，在同等条件下做出的泡芙膨胀得更大。当然，有时候这种差别不是那么容易感觉出来。

2. 用黄油或者用色拉油对泡芙的成品有影响吗？

当然有影响。使用色拉油制作的泡芙外皮更薄，但也更容易变得柔软。使用黄油制作的泡芙外皮更加坚挺、完整，形状更好看，同时味道也更香。

3. 泡芙里的鸡蛋起了什么作用？

鸡蛋对泡芙的品质有很大的影响。配方里鸡蛋越多，泡芙的外形会越坚挺，口感越香酥。如果减少鸡蛋用量，为了保证泡芙面糊的干湿度，就必须增加水分用量，这样泡芙外皮较软，容易塌陷。同时，不同的面粉吸水性不一样，因此也影响到鸡蛋的使用量。相同分量的鸡蛋，到了每个人那里，制作出来的面糊干湿度可能是不一样的，因此必须酌情添加，使面糊达到最佳干湿度。

挞和派有什么区别

很多烘焙初学者都会问这个问题——挞和派的区别在哪？其实，挞和派是西点中的一对孪生兄弟。

挞和派的种类繁多，是蛋糕以外另一大类甜点，而且造型各异、口味众多，挞和派的皮可以使用同样的面团。区别之一是很多派都有"盖"，而挞是敞开的。从外形上来说，挞比较小，皮硬一些，口感酥脆，馅料比派少。挞皮烤好后装入糊状的奶油馅，多是以水果装饰，不需要再次烤制就可以直接食用；而派皮是酥松柔软的，先烤制派皮，放入馅料后需要二次烘烤。

慕斯布丁烘焙入门知识

慕斯、布丁、果冻的区别

慕斯的英文是 mousse，是一种奶冻式甜点，可以直接吃或作蛋糕夹层，通常是加入奶油和凝固剂来造成浓稠冻状的甜品。

布丁是一种半凝固状的冷冻甜品，主要材料为鸡蛋和奶黄（泛指鸡蛋与牛奶混合后加热而凝固成的食品），类似果冻。

果冻由食用明胶加水、糖、果汁制成。布丁是果冻的一种，但与果冻又有所区别，最根本的区别在于原料，最容易区分的是看外形，布丁是不透明的，而果冻是透明的。

吉利丁和琼脂的区别

做慕斯、免烤奶酪蛋糕、免烤布丁等甜点的时候，吉利丁是个再熟悉不过的食材，它主要用来使甜点凝固。而有的甜点会用到另一款凝固剂：琼脂。

吉利丁和琼脂都是凝固剂，它们都有什么区别？能互相代替吗？

吉利丁，又叫鱼胶或明胶。它是由动物的骨头提炼出来的一种胶质，因此，吉利丁不算素食品。吉利丁制作的甜点，需要冷藏保存以防融化。

琼脂，是以海藻为原料制成的凝固剂，因此，琼脂是素食品。琼脂比吉利丁难溶，需要加入沸水并熬煮几分钟才能完全化开，一旦温度低于 40℃，就会立刻凝固。

琼脂的口感比吉利丁要硬，通常用来制作羊羹、凉糕等糕点。由此看来，吉利丁和琼脂不可以互相代替。

吉利丁几个需要注意的使用方法

吉利丁分为片状和粉状两种。片状的叫吉利丁片或鱼胶片，粉状的叫吉利丁粉或鱼胶粉。虽然状态不同，却是同一种东西，用法也差不多。

◎吉利丁粉和吉利丁片可以互相替代使用，用量是 5 克吉利丁片凝固力与 5 克吉利丁粉相同。吉利丁粉或吉利丁片都需要用冷水先浸泡片刻（不能用热水），泡发后再加热至化，根据配方加入其他配料里即可。

◎泡软吉利丁粉的时候，一般用 3~4 倍重量的水浸泡即可。因为吉利丁粉不像吉利丁片一样泡好后可以拧去多余水分，所以水分需要一次加够。

◎加热吉利丁至化时，不能过热，不可超过 70℃。如果将吉利丁溶液加得太热，会影响吉利丁的凝固能力。

◎吉利丁主要成分为蛋白质，在制作木瓜慕斯等含水果的甜点时，要把水果先煮一下，否则水果里的酶会分解蛋白质，而使吉利丁不能凝固。这类水果还包括猕猴桃、草莓等。

制作慕斯蛋糕时常见的几个小问题

1. 淡奶油、牛奶如何与果膏和水果混合更好？

因为果膏和水果都含有果酸。当淡奶油、牛奶遇到果酸时，这些奶制品容易发泡、结块并变硬，直接影响慕斯蛋糕的口感。正确做法是将果膏及水果煮成果泥，利用高温使其酸度降低，这样果泥和淡奶油、牛奶混合就不会出现发泡变硬的现象，制作的慕斯蛋糕外表光滑细腻。

2. 慕斯要怎样切才会漂亮？

慕斯蛋糕内部组织不像普通蛋糕那样蓬松多孔，所以用刀直接切下去就可以了。但切这类蛋糕，最大的问题是粘刀，一刀下去，切面往往惨不忍睹。所以，先把刀放在火上烤一会儿，将刀烤热，趁热切下去就不会粘刀了。每切一刀，都要把刀擦拭干净，并重新烤热再切下一刀，就能很轻松地把蛋糕切成想要的份数了。

Part 5　零基础一学就会的
甜点
20款

香蕉蛋糕最大的特点是简单，只需10分钟的准备工作，然后丢进烤箱即可，蛋糕体软硬适中，香蕉润滑香浓，口感湿润鲜甜、扎实浓郁，美味毫不打折。

香蕉蛋糕

20 厘米 ×20 厘米方形模具 1 个

食材
土鸡蛋 2 个，无盐黄油、白砂糖各 50 克，低筋面粉 80 克，奶酪粉 20 克，泡打粉 2 克，香蕉 2 根，椰丝适量。

烘焙
烤箱中层，上下火，170℃，约 25 分钟。

替代食材
奶酪粉→奶粉

厨房
小语

因为用的是土鸡蛋，蛋黄是金黄色的，所以烤出的蛋糕颜色非常黄，普通鸡蛋做出来的颜色会浅一些。

做法

1 室温软化黄油，加白砂糖（无须打发），用手动打蛋器搅拌均匀即可。

2 加入鸡蛋搅拌均匀。

3 加入低筋面粉、奶酪粉、泡打粉拌匀，制成蛋糕糊。

4 蛋糕糊装入模具中。香蕉去皮，切成小段，间隔着放入蛋糕糊中。

5 撒上椰丝。

6 预热烤箱170℃，待烤箱预热好后放入蛋糕，上下火，中层，烤25分钟左右，直到表面金色即可出炉。

棒棒糖蛋糕

缤纷多彩的棒棒糖蛋糕，因外形像
棒棒糖而得名，小朋友们面对这样
可爱的小蛋糕完全没有抵抗力。实
际上它的做法非常简单，味道也确
实对得起它可爱的形状，松软、细腻，
搭配巧克力的浓浓滋味，真是太奇
妙了。

食材

蛋糕体：全蛋液、低筋面粉各 70 克，糖粉 40 克，无盐黄油 50 克，泡打粉 2 克。

表面装饰：白巧克力 100 克，草莓粉 10 克，椰蓉 50 克。

烘焙

烤箱中层，上下火，180℃，约 20 分钟。

替代食材

草莓粉→粉红色色素

做法

1 全蛋液中加入糖粉，充分拌匀。

2 化开的黄油加入到蛋液中，边加边搅拌。

3 加入过筛后的粉类拌匀，拌好的面糊很光滑。

4 用小勺将面糊盛入模具中，九成满即可。

5 盖上上模，预热烤箱180℃，待烤箱预热好后放入模具，上下
  火，中层，烤20分钟左右。

6 白巧克力放入小锅中，隔水化开，加入草莓粉拌匀。

7 蛋糕出炉后即可揭掉上模，转动一下放在烤网上凉凉，用小刀
  或者剪刀修剪一下，使蛋糕表面光滑平整。取一根小棒，蘸少
  许巧克力液，插进蛋糕里，不要插透。

8 将蛋糕放入化开的巧克力液里转几圈，完全包裹住蛋糕。

9 趁巧克力液未干，撒上椰蓉，或者装饰上自己喜欢的食用饰品。

10 固定棒棒糖蛋糕，等巧克力凝固即可。

厨房
小语

1 要想让裹在蛋糕上的巧克力
光滑，要一直慢慢转动着小棒，
直到巧克力不流动了。

2 温度仅供参考，这个分量的
食材能做出16个蛋糕。

3 装饰好的棒棒糖蛋糕一定
要放在可以固定的容器上，不
要相互碰撞，以免刮花表面的
装饰。

柠檬拔丝蛋糕

拔丝蛋糕，曾经的网红甜点，做法极其简单，其实就是海绵蛋糕中加了肉松。海绵蛋糕体的香甜绵软与肉松巧妙结合，无论是口感还是美味程度，确实比普通的海绵蛋糕更胜一筹。

直径 7 厘米的纸杯 7 个

食材

鸡蛋 2 个（约 100 克），白砂糖 60 克，低筋面粉 68 克，泡打粉 2 克，奶粉 3 克，牛奶、色拉油各 37 克，肉松 30 克，柠檬 1 个。

烘焙

烤箱中层，上下火，170℃，约 20 分钟。

做法

1 肉松撕细丝。

2 将柠檬皮擦成屑。

3 将牛奶和色拉油混合，用蛋抽搅至乳化。

4 将鸡蛋打入盆内，加入白砂糖和少许柠檬汁。

5 隔热水将蛋液打至画 8 字不会立刻消散，或者蛋糊插入牙签不会立刻倒下即可。

6 将牛奶和色拉油的混合液加入蛋糊中，翻拌均匀。

7 泡打粉、低筋面粉、奶粉混合，筛入蛋糊中，用硅胶铲由下而上翻拌均匀。

8 再加入撕细的肉松、柠檬屑。

9 蛋糕糊一定要翻拌均匀（切记不可画圈搅拌），否则会消泡。

10 将蛋糕糊倒入纸杯中，九成满即可。

11 预热烤箱 170℃，待烤箱预热好后放入纸杯，上下火，中层，烤 20 分钟左右，直到表面金黄即可出炉。

厨房
小语

1 不能用油酥肉松，肉松一定要选用能撕成丝的。

2 如果温度比较低，蛋液和牛奶色拉油混合液可以隔温水打发，这样乳化会快一些。

3 一定要把蛋液打至画 8 字不会立刻消散。

黄桃磅蛋糕

做法

食材
无盐黄油、白砂糖各 125 克，
鸡蛋 3 个，低筋面粉 200 克，
泡打粉 3 克，动物淡奶油 40
克，黄桃 1 个。

烘焙
烤箱中层，上下火，180℃，
45~50 分钟。

替代食材
新鲜黄桃→黄桃罐头

厨房
小语

1 如果没有鲜黄桃，可用黄
桃罐头代替，鲜黄桃需要用
开水烫一下再用。
2 面粉的吸水量不同，面糊
过干时（如果紧紧粘在刮刀
上），可以再加入动物淡奶
油或牛奶调节。

1 无盐黄油室温软化，加入白砂糖，用电动打蛋器打发至蓬松
  发白。
2 鸡蛋逐个加入，每次加入后都要打到黄油顺滑后再加入下一
  个，如果出现油水分离的状况，可以加入少量面粉或者隔热
  水稍微加热，继续打发。
3 分次加入过筛后的低筋面粉和泡打粉。
4 用刮刀从底部搅拌至没有干粉，分次加入动物淡奶油并搅拌
  均匀。
5 用刮刀舀起面糊并往下滴，面糊自然滴落，则浓度刚好。
6 面糊倒入烤模中，表面刮平。黄桃洗净，用开水烫一下，切
  开去皮、去核，摆在面糊表面。
7 预热烤箱180℃，待烤箱预热好后放入烤模，上下火，中层，
  烤 45~50 分钟。用竹签插入蛋糕拔出后无面糊粘连即可。

百香果戚风蛋糕

戚风蛋糕加入西番莲（百香果），让蛋糕格外清香，酸酸的西番莲配上绵软的蛋糕，味道清爽又富有营养。

8寸烟囱蛋糕模1个

食材

A 蛋黄5个，白砂糖30克，盐2克，西番莲汁80克，色拉油65克，低筋面粉100克。

B 蛋白5个，白砂糖60克，柠檬汁几滴。

烘焙

烤箱中层，上下火，150℃，约60分钟。

替代食材

柠檬汁→白醋

做法

1 A 中蛋黄中加入色拉油，搅拌均匀。

2 将 A 中白砂糖和西番莲汁倒入蛋黄糊中。

3 将过筛后的低筋面粉分次筛入蛋黄糊中，拌匀。低筋面粉分次筛入更容易拌匀。

4 B 中的蛋白放入无水无油的盆中，加几滴柠檬汁。

5 60 克白砂糖分 3 次加入蛋白中，将蛋白打至打蛋器能拉出一个略弯的短小直立的尖角即可。

6 盛 1/3 蛋白到蛋黄糊中，用橡皮刮刀轻轻翻拌配合切拌的动作（从底部往上翻拌，切不要画圈，以免蛋白消泡）。

7 把拌好的蛋黄糊全部倒入盛蛋白的盆中，以同样的手法翻拌均匀。

8 把蛋糕糊倒入 8 寸模具中，端起模具在桌上轻震几下，震出气泡。

9 预热烤箱 150℃，待烤箱预热好后放入模具，上下火，中层，烤 60 分钟左右。出炉后倒扣在烤网上至完全凉透，脱模即可。

厨房
小语

1 打发蛋白的时候将打蛋器在盆里转圈，保证四周都搅打均匀，直至打蛋器能拉出一个略弯的短小直立的尖角就可以了。

2 切记戚风蛋糕搅拌手法要从底部往上翻拌，不要画圈，以免蛋白消泡。

3 本款蛋糕要低温烘烤，不可心急，否则会出现开裂、塌陷等问题。

巧克力果仁纸杯蛋糕

纸杯蛋糕近年来日渐成为甜品界的新宠，这款蛋糕具有浓醇、厚实、柔软的口感，又有非常浓郁的可可味，吃一个就会让人超级满足。

做法

直径 7 厘米的纸模 5 个

食材
低筋面粉 45 克，黑巧克力
80 克，无盐黄油 60 克，白
砂糖 50 克，鸡蛋 1 个，朗姆
酒、牛奶各 15 克，混合果仁
30 克，泡打粉 2 克。

烘焙
烤箱中层，上下火，180℃，
约 20 分钟。

厨房
小语

1 果仁如果是生的，提前用
烤箱烤熟，并切碎（170℃烤
7~8 分钟，烤出香味）。
2 要把握好烘烤时间，时间
过长，会使蛋糕口感变干、
颜色过深。
3 这款蛋糕需要泡打粉，才会
蓬发起来，形成松软的质地。
所以泡打粉是不可省略的！

1 果仁切碎。
2 切块的黄油和黑巧克力倒入大碗里，隔水加热或用微波炉加
   热，搅拌至黄油和巧克力完全化开，成为黄油巧克力混合液。
3 加入白砂糖，搅拌均匀。
4 再加入鸡蛋、朗姆酒，搅拌均匀。
5 低筋面粉和泡打粉混合过筛，筛入巧克力混合液里，搅拌均匀。
6 加入牛奶，搅拌均匀制成蛋糕糊。
7 将蛋糕糊倒入纸模里，表面撒上果仁碎。
8 预热烤箱 180℃，预热好后放入蛋糕，上下火，中层，烤 20
   分钟左右，直到完全膨胀即可。

日式棉花蛋糕

日式棉花蛋糕没有令人惊艳的外表，
却是一款超柔软的蛋糕，很多人称
它为"可以跳舞的蛋糕"，非常好吃，
做法也不复杂。

做法

20 厘米 ×20 厘米方形模
具1个

食材

无盐黄油36克,全蛋液50克,
蛋黄、蛋白各3个,低筋面粉、
炼乳各48克,白砂糖60克,
盐1克,柠檬汁数滴。

烘焙

烤箱中层,上下火,155℃,
约30分钟。

厨房
小语

1 打发蛋白时,不可打得过
硬,否则烤后会开裂。
2 一定要用翻拌的手法搅拌
面糊。
3 如果用普通烤盘,切记要
铺烘焙油纸,容易脱模。

1 无盐黄油加热至沸腾,离火,立即加入低筋面粉、盐搅拌均匀。
2 加入炼乳搅拌均匀。
3 分次加入蛋黄和全蛋液,搅拌均匀待用。
4 蛋白放入无油无水的盆中,滴入柠檬汁,分3次加入白砂糖
  打发至湿性发泡,提起打蛋器时能形成漂亮的小弯钩。
5 取1/3打发的蛋白放入面糊中,用刮刀以翻拌的形式搅拌均匀。
6 面糊拌匀后再倒回蛋白中,用刮刀从中间切开面糊、由底部
  翻起的翻拌方式混合,应在翻拌30次以内混合好面糊。
7 从一定的高度(这样做可以防止气泡的形成)把面糊倒入烤
  盘中。如果用普通烤盘,最好铺烘焙油纸,容易脱模。
8 预热烤箱155℃,上下火,中层,烤30分钟左右。出炉后不
  用倒扣,直接凉凉脱模。蛋糕会有一定回缩,但不会塌陷。

蓝莓酸奶蛋糕

酸奶蛋糕做法同戚风蛋糕，虽然是戚风蛋糕的做法，但是无油低脂，蛋糕与酸奶蓝莓完美搭配，以轻盈的口感著称，既柔和又美味。

做法

食材

鸡蛋 3 个，浓稠酸奶 180 克，低筋面粉 50 克，玉米淀粉 10 克，白砂糖 35 克，柠檬汁或白醋几滴，蓝莓 100 克。

烘焙

水浴法，烤箱中层，上下火，预热 150℃，转 110℃，约 80 分钟。

厨房小语

1 切记低温烘烤，否则会开裂。必须使用浓稠的酸奶，不可流动的酸奶最好。
2 用的是水浴法，烤箱底部要放加入水的烤盘，可多倒一些水，因为烘焙时间较长，以免中途水被烤干。
3 蛋糕糊混合的时候一定要采用切拌的手法，因为湿性发泡状态很容易消泡，如果画圈大力搅拌，消泡会更厉害。

1 蛋黄蛋白分开。其中蛋黄加入浓稠酸奶，搅拌均匀。
2 筛入低筋面粉和玉米淀粉，搅拌均匀至细腻光滑。
3 蛋白放入无油无水的盆中，加几滴柠檬汁或白醋，分 3 次加白砂糖，打发至有弯钩状。
4 取 1/3 的蛋白放入蛋黄糊中，用翻拌和切拌的手法搅拌均匀。
5 蛋白分 3 次加入蛋黄糊中，用翻拌和切拌的手法搅拌均匀。
6 模具底部铺油纸，把搅拌好的蛋糕糊放入模具中，八九成满即可，轻震出大气泡，上面放上蓝莓。
7 预热烤箱 150℃，同时把烤盘加满水，放到烤箱底层一起预热。预热好后放入蛋糕，上下火，中层，转 110℃，烤 80 分钟左右即可。

樱桃乳酪蛋糕

樱桃乳酪蛋糕，类似舒芙蕾的做法，蛋糕奶香浓郁，入口即化，极其松软，圆滑丰润的口感更是不可多得。

21 厘米 ×21 厘米方形烤盘 1 个

食材

蛋糕体：鸡蛋 4 个（蛋黄、蛋白分开），黄油、低筋面粉各 78 克，牛奶 390 克，白砂糖 109 克，奶油奶酪 166 克，切达奶酪片 68 克。

酒渍樱桃：细砂糖 30 克，大樱桃 10 个，朗姆酒 15 克。

烘焙

水浴法，烤箱中层，上下火，160℃，约 60 分钟。

做法

1 樱桃洗净后，切开去核放入碗中，加入酒渍樱桃中的细砂糖、
  朗姆酒腌渍2小时或放置一夜。

2 黄油放入小锅里，小火煮化，关火。倒入过筛后的低筋面粉，
  用刮刀快速拌匀至无颗粒。

3 再次开小火，把牛奶分6次倒入锅中，一边倒一边不停搅拌，
  每倒完一次，都要搅拌均匀直至黏稠。

4 加入完全软化的奶油奶酪和切达乳酪片，继续小火加热，搅
  拌至均匀无颗粒，再加入30克白砂糖，搅拌均匀，关火。

5 分次加入蛋黄，每次都拌匀再加下一次。

6 蛋白中加入余下的白砂糖打至中性发泡，可拉出短的弯角。

7 把蛋黄奶酪糊分3次加入打发的蛋白中，搅拌均匀成蛋糕糊。

8 模具中铺油纸，倒入蛋糕糊，刮平，表面摆上樱桃。

9 烤盘中加水放入烤箱，与烤箱一起预热160℃，预热好后放
  入烤盘，中层，上下火，160℃，水浴法烤约60分钟即可。

厨房
小语

1 樱桃的量可依自己的喜
好放。

2 面糊加热时，用小火，如
果不容易拌匀，可以关了火
拌匀再次开火，再拌再开火。
重要的是拌匀糊化的面糊。

基础奶油泡芙

泡芙是一种源自意大利的经久不衰的西式甜点，蓬松张孔的酥脆表皮中包裹着奶油，吃起来外热内凉、外酥内滑，口感极佳。

食材

泡芙皮：低筋面粉 100 克，水 160 克，细砂糖 10 克，盐 2 克，无盐黄油 80 克，鸡蛋 3 个。
内馅：动物淡奶油 100 克，糖粉 10 克。

烘焙

烤箱中层，上下火，210℃，10~15 分钟，膨胀定型后转 180℃，20~25 分钟。

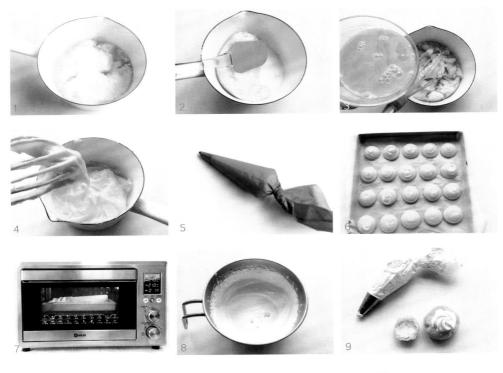

泡芙皮的做法

1 水、盐、细砂糖、无盐黄油一起放入锅里，煮至沸腾时转小火，一次性倒入低筋面粉。

2 快速搅拌至面粉全部和水分融合在一起，锅底有一层面糊的薄膜，关火。

3 等面糊冷却至不太烫手（温度约60℃），加入打散的鸡蛋。先加入少量蛋液，完全搅拌至面糊把鸡蛋都吸收以后，再加下一次。

4 挑起面糊，面糊呈倒三角形，尖角到底部约4厘米且不会滑落，不用再继续加入鸡蛋。

5 将面糊装入裱花袋中。

6 烤盘里铺油纸，挤直径4厘米的泡芙面糊，如果发现圆形上部不太平整，可以用小勺蘸些水按一下，让面糊平整。

7 预热烤箱210℃，预热好后放入烤盘，上下火，中层，烤10~15分钟，膨胀定型后转180℃，烤20~25分钟即可。

内馅的做法

8 淡奶油和糖粉放入盆中，打发至八分纹路不会消失，即为内馅。

9 将内馅装入裱花袋里，挤入泡芙中即可。

厨房小语

1 一定要烤到位，否则泡芙出炉后会塌陷。烤的中途切记不要打开烤箱门。

2 配方里的鸡蛋不一定全部加入，加入鸡蛋以后，面糊会变得越来越湿润细滑。

蜂蜜杏仁奶酪条

被烤得外层焦黄晶莹的杏仁片，酥脆的坚果香气与香滑细密又不腻人的奶酪内馅，混搭出丰富的口感，一口香酥一口香浓，温暖的何止是胃呢？

20 厘米 ×20 厘米方形模具 1 个

食材

饼底：全麦消化饼干 150 克，无盐黄油 40 克。

蛋糕体：奶油奶酪 250 克，柠檬汁、杏仁片各 15 克，白砂糖 40 克，鸡蛋、蛋黄各 1 个，动物淡奶油 150 克，玉米淀粉、蜂蜜各 20 克。

烘焙

烤箱中层，上下火，180℃，15~20 分钟。

做法

1 全麦消化饼干放进食品袋里，用擀面杖压碎。

2 将消化饼干碎放入模具，将化开的无盐黄油倒入模具中。

3 饼干碎与黄油均匀混合，用勺子轻轻按实后放入冰箱冷藏备用。

4 软化后的奶油奶酪加白砂糖，搅拌至光滑无颗粒（用手动打蛋器即可）。

5 加入蛋黄和鸡蛋的混合液，继续搅拌均匀。

6 加入动物淡奶油拌匀。

7 加入柠檬汁和过筛后的玉米淀粉拌匀，即为奶酪糊。注意不要过度搅拌。

8 杏仁片加入蜂蜜，放到火上加热并搅拌均匀。

9 将奶酪糊倒入模具中，蜂蜜杏仁片平铺在奶酪糊表面。

10 预热烤箱180℃，预热好后放进模具，上下火，中层，烤15~20分钟，表面呈金黄色即可。取出凉透后切成长条即可。

厨房小语

1 奶油奶酪常温软化后只需要用刮刀轻轻拌匀，无须用打蛋器打发，以免打发过程中进入过多空气，导致成品不够细腻。冬天如因部分地区室温低，可将奶油奶酪隔温水软化后使用。

2 如果奶酪糊比较厚重，可在入模后用刮板轻轻刮平再烘烤。

3 由于柠檬汁和奶制品的混合容易起反应，使奶制品结块，所以要与玉米淀粉一起放入奶酪糊中。

咖啡曲奇

这款曲奇口感确实比普通曲奇要酥，
奶香浓郁，酥到掉渣，超棒的口感。

食材

发酵黄油70克，低筋面粉65克，玉米淀粉25克，糖粉20克，盐1克，速溶黑咖啡粉2克，可可粉3克。

烘烤

烤箱中层，上下火，120℃，约35分钟，定型后转180℃，8~10分钟。

替代食材

发酵黄油→无盐黄油

做法

1 发酵黄油稍稍搅打至顺滑。

2 发酵黄油中加玉米淀粉、糖粉、盐。

3 打发到明显发白、体积增大并呈现很好的乳霜状，也就是所谓的羽毛状。

4 加入低筋面粉、速溶黑咖啡粉、可可粉。

5 拌匀制成曲奇面糊。

6 把曲奇面糊填入裱花袋，用中号10齿花嘴。注意，不要一次性将所有面糊装入裱花袋，面糊一次装太多不容易挤花。

7 在烤盘上挤出自己喜欢的花形。

8 预热烤箱120℃，预热好后放入烤盘，上下火，中层，烤35分钟左右至定型，转180℃，烤8~10分钟，表面上色即可。

这个方子是低温定型，烘烤温度与时间要依曲奇的大小来调整。

曲奇的常见问题，再絮叨一遍：

1 为什么我的曲奇很难挤？

首先是黄油软化不够，黄油室温软化至手指可以轻易戳洞。打发一定要到位，打发至发白的羽毛状。

其次是低温容易导致面糊过快凝固，也不容易挤。可将面糊放入裱花袋里，放到温暖的地方热一下。

还有就是花嘴的问题，挤曲奇必须是中号或者大号花嘴，虽然都是8齿花嘴，2D花嘴是不能挤曲奇面糊的！

2 为什么我的曲奇一放进烤箱就塌？

黄油软化过度，曲奇在烘烤过程中会塌。

3 为什么烤的时候会冒油？

黄油与其他食材搅拌过程中水油分离了。冬天最好用常温鸡蛋，黄油打发前搅拌均匀再打，保证容器里的所有黄油状态一致，一定要充分搅拌融合。

4 为什么有的方子是低温烘烤，有的方子是高温烘烤？

有的烤箱可以高温烘烤快速定型，有的烤箱只能低温烘烤定型，要摸清自家烤箱的脾气来选择。

可可夹心拉丝曲奇

这款曲奇刚出炉时才会拉丝，因为里面是马苏里拉奶酪。松脆的巧克力饼干、浓郁的奶酪夹心，很适合作为下午茶小点心。

食材

曲奇面团：低筋面粉100克，可可粉10克，全蛋液25克，无盐黄油45克，糖粉40克，泡打粉、盐各1克。

内馅：马苏里拉奶酪70克。

烘焙

烤箱中层，上下火，180℃，约14分钟。

做法

1 室温软化无盐黄油，加入糖粉和盐搅打均匀。

2 分2次加入全蛋液，每次充分打匀后再加下一次 。

3 筛入低筋面粉、可可粉、泡打粉。

4 翻拌均匀至无干粉。

5 用手将面团揉至光滑，盖保鲜膜入冰箱冷藏1小时。

6 取出冷藏好的面团，分成每个约15克的小面团（约15个）。

7 将面团按扁，包入马苏里拉奶酪，一定包严实，否则会开裂。

8 搓圆并压成饼干状。

9 排入烤盘中，用叉子压出花纹。

10 预热烤箱180℃，上下火、中层，烤14分钟左右即可。

厨房
小语

1 这款曲奇刚出炉时才会拉丝，一定要热食。

2 如果面团粘手，手心涂少许面粉防粘。包入奶酪时一定要包严实，不然会开裂。

3 烘烤时间依自家烤箱而定。因为这款曲奇颜色较深，最后几分钟要注意观察，不要烤煳了。

腰果杏仁饼干

初学者很容易入手的一款小饼干，里面有杏仁粉，口感非常酥脆，很香很好吃，老人、孩子都特别爱吃，强力推荐。

做法

1 面粉过筛到大碗中，加入白砂糖、盐、杏仁粉。

2 加入花生油。

3 搅拌混合均匀，用手揉成团。

4 将面团分成小圆球，顶部按上腰果，压扁。

5 放到烤盘中，刷蛋黄液（也可以不刷）。

6 预热烤箱170℃，预热好后放入烤盘，上下火，中层，烤约20分钟，烤到表面微焦黄即可出炉。

食材

杏仁粉50克，面粉150克，白砂糖45克，盐1克，花生油60克，腰果、蛋黄液各适量。

烘焙

烤箱中层，上下火，170℃，约20分钟。

替代食材

杏仁粉→炒熟的花生粉

厨房小语

1 面粉用普通面粉即可。如果用花生粉，可先把花生米炒熟，再磨成粉使用。

2 腰果生熟都可以，也可以换成花生、杏仁、核桃等。

3 花生油也可以换成玉米油、葵花子油、色拉油。

豆沙一口酥

豆沙一口酥的造型很讨巧，酥酥的外皮，中间还夹有软软的甜甜的豆沙，入口即化。也可以换成枣泥或者自己喜欢的各种馅。

食材

饼皮：中筋面粉 220 克，热水、冷水各 45 克，玉米油 60 克，白砂糖 20 克。

油酥：中筋面粉 100 克，玉米油 80 克。

内馅：豆沙馅 400 克。

表面装饰：白芝麻适量。

烘焙

烤箱中层，上下火，180℃，约 20 分钟。

做法

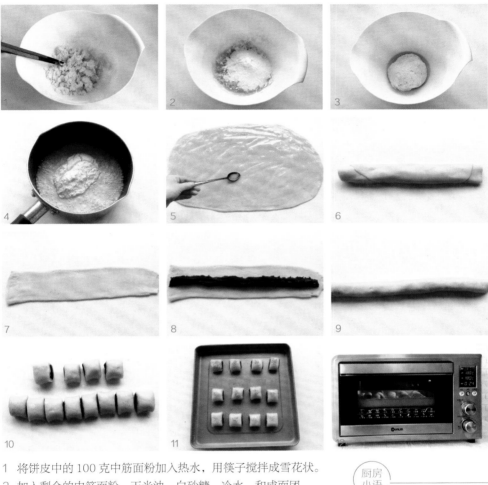

1　将饼皮中的100克中筋面粉加入热水，用筷子搅拌成雪花状。

2　加入剩余的中筋面粉、玉米油、白砂糖、冷水，和成面团。

3　放盆中盖保鲜膜醒20分钟。

4　将油酥里的玉米油放锅里烧热，关火，倒入中筋面粉，搅拌成流动的面糊，然后放凉。

5　将醒好的饼皮面团擀成面皮，然后将油酥均匀地涂抹在上面。

6　将面皮卷起来。

7　卷起来的面皮接头处朝上，擀成宽10厘米左右的长条。

8　放上豆沙馅。

9　从长的一边卷起。

10　切成2厘米的段。

11　放入烤盘，撒一点白芝麻。

12　预热烤箱180℃，待烤箱预热好后放入烤盘，上下火，中层，烤20分钟左右，烤至饼皮变黄即可。

厨房小语

1　面粉的吸水量不同，水的量可适当加减。

2　烘烤时间和温度，具体看自家烤箱和酥饼上色情况决定，最好不要超过200℃。

吐司苹果挞

最朴素的造型，最简单的材料，非常适合新手操作。虽然是烤的，但是蛋挞液与吐司结合在一起却是温暖而甜蜜的幸福味道。

做法

1 吐司用擀面杖压薄。

2 把吐司的四个角切一刀。

3 把烤碗的底部和四周抹上黄油防粘，将吐司放进去。

4 鸡蛋打散成蛋液，然后加入牛奶、白砂糖，搅拌均匀即为蛋挞液。

5 苹果洗净去核，切成四瓣，再切成片，放入锅中加水煮软。

6 将苹果片卷成一朵花。

7 在吐司上放上苹果花，倒入蛋挞液。

8 预热烤箱180℃，预热好后放入烤碗，上下火，中层，烤15分钟左右即可。

食材

吐司2片，鸡蛋、苹果各1个，牛奶50克，白砂糖10克，黄油少许。

烘焙

烤箱中层，上下火，180℃，约15分钟。

厨房小语

不会做苹果花，也可切成苹果丁放蛋挞里。

红糖紫米小面包

红糖和紫米同样性温，有补虚、补血、健脾暖胃的作用。而红糖紫米面包不仅质朴可爱，比起高热量的西式馅，热量更低，而且内馅超弹，外皮松软可口。

食材

面团：高筋面粉 270 克，鸡蛋 1 个，牛奶 110 克，白砂糖、色拉油各 40 克，盐 3 克，干酵母粉 4 克。

内馅：紫米 150 克，红糖 50 克。

烘焙

烤箱中层，上下火，170℃，约 18 分钟。

做法

1 紫米提前浸泡6小时（浸泡过夜更好），淘洗干净开始煮，水量略没过紫米，大火烧开，转小火煮15分钟，关火，不开盖闷20分钟左右。

2 趁热加入红糖拌匀，凉凉，即为内馅。

3 所有面团材料放入厨师机中，揉至面团完全扩展阶段，能拉出较透的薄膜。

4 基础发酵至原体积1.5~2倍大。面团排气，滚圆，醒发15分钟。

5 将面团分割成8份。

6 擀开，包入内馅，收口朝下，放入烤盘中。

7 选择烤箱发酵功能37℃，烤箱底部再放入一杯热水，以保持湿度，二次发酵至2倍左右。表面放上一个叉子筛上面粉。

8 预热烤箱170℃，预热好后放进烤盘，上下火，中层，烤18分钟左右即可。

厨房小语

1 面粉的吸水量不同，牛奶可加减10克左右。

2 烤几分钟，如果面包上色很快，记得加盖锡纸，否则会烤黑。

焦糖香橙面包

香橙面包的整形非常简单，这个造型没有技术含量。面包中添加了焦糖、橙子片，清新浓郁，有一丝缠绵的香，是一种味蕾被深深拥抱的感觉。

糖渍香橙片的做法

橙子用盐搓洗表皮，洗净，切薄片，糖和水以 1：2 的比例煮沸，煮沸后把橙子放进糖水，小火煮至橙子稍软，离火凉凉，橙子不可煮太长时间。

汤种的做法

将高筋面粉、水放入小锅中拌匀，用小火熬成糊状即成汤种，取 90 克凉透备用。

面包的做法

食材

主面团：高筋面粉 250 克，无盐黄油、白砂糖各 35 克，盐 3 克，干酵母粉 4 克，鸡蛋 50 克，水 45 克，牛奶 50 克，奶油焦糖酱 10 克。
汤种：高筋面粉 20 克，水 100 克。
糖渍香橙片：中号橙子 2 个，白砂糖 40 克，水 80 克。

替代食材

奶油焦糖酱→蜂蜜

烘焙

烤箱中层，上下火，180℃，约 30 分钟。

厨房小语

1 不同面粉吸水量不同，可以酌情加减液体的用量。
2 烘烤时间依据自家烤箱而定，上色后加盖锡纸。

1 高筋面粉、白砂糖、盐、干酵母粉、鸡蛋、水、牛奶、90 克汤种一起放入厨师机中，揉成光滑的面团后加入无盐黄油。

2 揉至完全扩展阶段，能拉出薄膜。

3 进行基础发酵至原体积 2 倍左右，将发酵好的面团排气，滚圆，醒发 15 分钟。

4 将面团擀成大的面片，厚薄依自己喜好，放在铺了油纸的烤盘中。

5 选择烤箱发酵功能 37℃，烤箱底部放入一杯热水，以保持湿度，二次发酵至 2 倍左右。

6 先在发酵好的面片上刷一层奶油焦糖酱。糖渍香橙片沥干水分，铺在面片上。预热烤箱 180℃，预热好后放入烤盘，上下火，中层，烤 30 分钟左右即可。

蜜枣果酱面包

蜜枣含水量较少，含糖量较高，是一款的果脯，味道很甜。面包用蜜枣做馅料，轻轻咬上一口，软软热热的面包，夹着蜜枣和果酱的清甜，那股淡淡的清鲜香，百般地诱惑着你。

食材

面团：高筋面粉 280 克，牛奶 115 克，干酵母粉 4 克，鸡蛋 1 个，盐 2 克，无盐黄油 35 克。

内馅：蜜枣 200 克，果酱适量。

表面涮液：蛋液少许。

烘焙

烤箱中层，上下火，180℃，约 20 分钟。

做法

1 蜜枣切碎。

2 高筋面粉、牛奶、干酵母粉、鸡蛋、盐放入厨师机中，搅拌成
   光滑的面团，加入无盐黄油。

3 继续揉至完全扩展阶段，能拉出韧性的薄膜。

4 面团基础发酵至原体积 1.5~2 倍。

5 将发酵好的面团取出，排气，醒发 10 分钟。

6 将面团分割成 6 等份。

7 取一份，搓成一端粗一端细的长条。擀开后，抹上果酱，撒上
   蜜枣碎。

8 从粗的一端卷起，卷好后放在烤盘上。

9 选择烤箱发酵功能 37℃，烤箱底部放入一杯热水，以保持湿度，
   二次发酵至 2 倍左右。

10 在面包表面刷蛋液。

11 预热烤箱 180℃，预热好后放入烤盘，上下火，中层，烤 20
   分钟左右即可。

厨房
小语

1 面粉的吸水量不同，牛奶
可加减 10 克左右。

2 烤制时间依自家烤箱而定，
上色后加盖锡纸。如果是普
通烤盘，最好铺油纸。

花生酱吐司（65℃汤种）

花生酱一般分为幼滑及粗粒两种，粗粒装是在制作好的花生酱中加入花生颗粒，以增加口感。这款花生酱吐司用的是粗粒花生酱，花生酱浓浓的醇香，香浓到让人沉迷。

食材

主面团：高筋面粉 232 克，低筋面粉 62 克，奶粉 11 克，全蛋液 32 克，白砂糖 35 克，水 94 克，盐、干酵母粉各 4 克，无盐黄油 25 克。

65℃汤种：高筋面粉 20 克，水 100 克。

抹酱：花生酱 100 克。

烘焙

烤箱中下层，上下火，180℃，约 35 分钟。

汤种的做法

将高筋面粉、水搅拌均匀，小火加热至 65℃，出现纹路后熄火，加盖，放凉后冷藏 1 小时，取汤种 92 克备用。

面包的做法

1 将92克汤种和主面团里除无盐黄油外的其他材料放入厨师机中。

2 搅拌成团后加入无盐黄油。

3 继续揉至面筋完全扩展阶段，可拉出薄膜。

4 基本发酵至原体积2倍左右。

5 发酵好的面团分割成2份，排气，滚圆，醒发15分钟。

6 取一份面团擀成面片，抹上花生酱。

7 卷起，切成3条，辫成辫子。

8 全部做好后，放入模具中。选择烤箱发酵功能37℃，烤箱底部放一杯热水，以保持湿度，最后发酵至2倍左右。

9 预热烤箱180℃，预热好后放入面包，上下火，中下层，烤35分钟左右即可。

厨房小语

1 面粉的吸水量不同，液体可加减10克左右。

2 烤制时间依自家烤箱而定，如果上色过快，需加盖锡纸。

盐焗腰果

在家自制了几次盐焗腰果，之前都是用盐水泡腰果，发现腰果越泡越甜，盐分用量也比较多。这款盐焗腰果，不用加很多盐，做出来的腰果滋味却是淡淡的甜。

食材

生腰果500克，盐3克，糖粉5克。

烘烤

烤箱中层，上下火，150℃，约15分钟。

厨房小语

着色均匀就好，各家烤箱温控不同，时间只是参考。

做法

1 生腰果冲洗一下，擦去水分，晾干。
2 放入盐、糖粉拌匀。
3 腰果铺在烤盘上。
4 预热烤箱150℃，预热好后放入烤盘，上下火，中层，烤15分钟左右，着色均匀即可。中间可以拿出来翻一翻。

果味溶豆

果味溶豆，加入了火龙果汁，火龙
果含有丰富的植物蛋白、花青素、
水溶性膳食纤维。溶豆入口即化，
妈妈们可以给宝宝做来当零食吃。

食材

火龙果半个，婴儿奶粉 30 克，玉米淀粉、糖粉各 10 克，蛋白 38 克。

烘焙

烤箱中层，上下火，100℃，约 60 分钟。

做法

1 火龙果去皮取果肉，在滤网上按压，滤出汁水。

2 取汁 18 克，将奶粉和玉米淀粉过筛到火龙果汁中。

3 搅拌均匀。

4 蛋白加糖粉，打发至蛋白干性发泡，可拉出短直角。

5 取 1/3 蛋白放火龙果糊中。

6 翻拌搅匀，然后再倒入剩余蛋白中，先画"之"字 2 次，然后抄底翻拌，如此搅拌至匀（不要过度搅拌，否则会消泡）。拌匀的面糊流动性差，如果特别稀，那么就是消泡了。

7 烤盘中铺硅胶垫或者油布（油纸），将面糊装入裱花袋中，挤到烤盘中。

8 预热烤箱 100℃，预热好后放入烤盘，上下火，中层，烤约60 分钟即可。

厨房
小语

1 溶豆过稀不成形：一是蛋白打发不到位，没打硬，蛋白会消泡。二是搅拌次数过多，时间过长。三是奶粉的乳脂含量问题导致消泡。

2 奶粉的选用：最好选用婴儿奶粉。

3 切记烤盘上铺一张油纸或者油布，好取。

4 烤箱烘烤温度：每个烤箱温度各有差异，如果上色过高，建议降低温度。烤好后不要急着拿出烤盘，让溶豆在烤箱中自然冷却。

烤水果片

烤箱也不仅仅是用来烘焙蛋糕和饼干的，用烤箱自己做果干，绝对零添加，原汁原味。

烤菠萝片

食材
菠萝 1 个。

调料
盐适量，柠檬汁少许。

烘焙
烤箱中层，上下火，180℃，约 15 分钟，转 160℃，约 20 分钟。

厨房小语

1 家用普通小烤箱，一定要用烤网来制作，增加水分蒸发量。开启热风循环烘烤，可缩短菠萝片的烘干时间。
2 各家烤箱温度不一样，烤的时候可稍作调整，而且每个人喜好也不一样，喜欢干一点就多烤两分钟，喜欢软一点就少烤两分钟。
3 菠萝切片不建议太薄，容易烤焦。

做法

1 将菠萝去皮，切片，泡在加了少许盐和柠檬汁的水里。

2 取出，沥干水分，平铺在烤网上。预热烤箱 180℃，预热好后放进烤网，上下火，中层，烤 15 分钟，转 160℃，烤 20 分钟左右即可。有热风循环功能的开启该功能烘烤。

苹果脆片

食材
苹果 1 个。

调料
盐适量。

烘焙
烤箱中层，上下火，180℃，15 分钟，转
120~150℃，约 30 分钟。

厨房
小语

1 苹果选脆的品种比较好，面的不太适合。
2 刚出炉的苹果片还不是非常脆，放在室温
下凉一会儿，就变得脆香无比。
3 温度可在 120~150℃ 选择，温度低必须
延长烘烤时间。

做法

1 苹果洗净，切薄片。喜欢脆
脆的就一定要切得够薄，喜
欢烤出来还有点肉肉的感觉
那就不要切得太薄。

2 苹果片放入淡盐水中浸泡几
分钟，防止氧化，沥干水分，
放到烤网上。

3 预热烤箱 180℃，预热好后
放入烤网，上下火，中层，
烤 15 分钟，转 120~150℃，
烤 30 分钟左右即可。

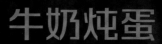

牛奶炖蛋

牛奶炖蛋是热烤式的，柔滑的牛奶和蛋液，热烤后浓香四溢，有淡淡的独特的香甜味，令人着迷。

做法

1 将鸡蛋磕入碗中，打散，但不要打出泡，只要搅匀就行。

2 将牛奶和细砂糖入锅，用小火慢慢煮，煮至60~80℃，微开状态即可。

3 热好的牛奶凉至温热，将蛋液慢慢倒入牛奶里，滴入香草精。

4 用细漏网把搅拌均匀的牛奶蛋液过滤2遍。

5 把牛奶蛋液倒入烤碗里。

6 在烤盘里注入热水，热水深度约1厘米，放进烤箱，与烤箱一起预热。预热烤箱170℃，预热好后，将烤碗包上锡纸，放到烤箱的烤网上，上下火，中层，烤30分钟左右即可。

10 厘米的烤碗 2 个

食材

牛奶 200 克，鸡蛋 2 个，细砂糖 20 克，香草精 2 滴。

烘焙

水浴法，烤箱中层，170℃，上下火，约 30 分钟。

厨房
小语

如果上层牛奶蛋液还没变硬，可适当延长烤制时间。

果丹皮

自制果丹皮，天然无添加，爽滑细腻、酸甜可口，一块吃下去，开胃又促食。

做法

28 厘米 ×28 厘米烤盘 1 个

食材
山楂 650 克，清水 500 克，绵白糖 300 克。

烘焙
烤箱中层，180℃，15 分钟，转 160℃，约 40 分钟。

厨房
小语

1 山楂不要用铁锅煮。煮开后用木铲不停搅动。
2 做好的山楂糕冷藏保存，无添加剂，尽快食用完。
3 如果料理机功率不大，打得不够细腻，可用滤网过滤一下，去掉果皮，口感更爽滑。

1 山楂洗净后去掉果核，切片。

2 将山楂、清水放入料理机中，打成泥。

3 山楂泥倒入锅中，放入绵白糖，慢煮。

4 要不停地搅拌，至木铲挂薄糊，山楂泥不会流动合拢。

5 山楂泥继续加热，煮至非常黏稠，关火。

6 烤盘铺油纸，把煮好的山楂泥用刮板铺平。

7 预热烤箱180℃，预热好后放入烤盘，上下火，中层，烤15分钟，转 160℃，再烤 40 分钟左右。烤好的果丹皮冷了以后卷起定型，切段食用。

糖烤栗子

看着这黄灿灿的小玩意儿，就能回忆起快乐的童年来，记忆中的糖烤栗子，暖手暖胃暖心，又香又糯，绵软香甜。

做法

1 栗子洗净，晾干，用剪刀剪一个口，用刀在表面划一刀也可以（用刀一定要小心，因为栗子会滚动，难固定）。

2 栗子放入碗里，倒入食用油拌匀，使其表面沾满油。

3 白砂糖和水混合，放在炉灶上加热至冒泡，糖完全化开成糖水刷液。

4 烤盘铺锡纸，栗子平铺烤盘中。

5 预热烤箱220℃，预热好后放入烤盘，上下火，中层，烤25分钟左右即可。

6 出炉，用刷子蘸糖水刷栗子表面，栗子裂开处多刷点，刷好糖水后再入烤箱烤5分钟左右即可。

食材

栗子500克，食用油10克。

刷液

水10克，白砂糖20克。

烘焙

烤箱中层，上下火，220℃，约30分钟。

厨房
小语

栗子烤好后可以先尝一个，再根据口感决定是否延长烘烤时间。因为每家烤箱不同，烤制时间和温度会不同。

蒜香面包片

蒜香面包片，西餐中最常见的吃法，
用法棍面包制成蒜香面包片，或烘烤
成面包干，嚼起来脆脆的，非常香。

做法

1 面包切片。

2 无盐黄油化成液体。

3 香葱、蒜切末，放入黄油中。

4 用勺子搅拌均匀，加入盐和黑胡椒碎，制成蒜油汁。

5 将调制好的蒜油汁涂在面包片上，两面都要涂抹。

6 预热烤箱180℃，预热好后放入面包片，上下火，中层，烤10分钟左右即可。

食材

面包6片，无盐黄油、香葱各10克，蒜20克，盐、黑胡椒碎各适量。

烘焙

烤箱中层，上下火，180℃，约10分钟。

厨房
小语

1 香葱、蒜一定要切碎才好吃。

2 咸淡可按自己口味来放盐，微带咸味儿即可。

3 烘烤时视情况而定，容积小的烤箱温度要适当低一些，设定在160~180℃为宜；而35升以上的烤箱可以把温度设定在180~200℃。

4 最好使用纯正的黄油，尽量不使用人造黄油。

培根奶酪面包棒

培根奶酪面包棒，用的是做比萨的
方法，只有一次发酵，形状像比萨
反着来的，比萨是把培根、奶酪放
在外面，而这个是把培根、奶酪卷
在里面。金灿灿的颜色非常诱人，
外焦里嫩的口感更打动人。

做法

1 面盆里加入面粉、干酵母、
橄榄油、盐、白砂糖（盐和
糖分开放置）。慢慢倒入水，
边加水边搅拌。将面粉揉成
团后继续揉至表面光滑，放
在温暖处发酵50分钟，使
面团发酵至原体积2倍大。

2 将发酵好的面团擀成面皮，
与培根的长度一样即可。

3 铺上一层马苏里拉奶酪。

4 再将培根铺在上面。

5 然后用刀沿着培根的缝隙
切开。

6 每一条拧成麻花状。

7 烤箱预热190℃，待烤箱预
热好后放入面卷，上下火，
中层，烤20分钟左右即可。

食材

高筋面粉200克，干酵母、
盐各2克，橄榄油、白砂糖
各10克，水130克，培根5
片，马苏里拉奶酪50克。

烘焙

烤箱中层，上下火，190℃，
约20分钟。

厨房
小语

用的是做比萨的马苏里拉奶
酪，热吃时掰开可以拉丝，
孩子非常喜欢。

芝麻酱红糖小酥饼

芝麻酱红糖小酥饼，它的甜味并不重，红糖带来的淡淡甜味与浓浓的芝麻酱香味配合得恰到好处，酥香加醇厚，尝过才会懂。

食材

面团：中筋面粉 150 克，开水 30 克，冷水 70 克，食用油 30 克。

抹馅：芝麻酱 50 克，香油 10 克，红糖 25 克。

表面装饰：白芝麻适量。

烘焙

烤箱中层，上下火，180℃，约 20 分钟。

做法

1 取 50 克中筋面粉倒入 30 克开水，用筷子搅拌成雪花状。

2 再加入剩余的 100 克面粉、冷水、食用油，和成一个非常柔软的面团，面团和好后继续揉一会儿，使它光滑且充满弹性。将揉好的面团放在碗里，盖上保鲜膜醒发 20 分钟。

3 将芝麻酱、香油、红糖混合拌匀，使芝麻酱成为流动状，即为抹馅。如果芝麻酱较干，可以多加一些香油稀释。

4 面团静置好以后，在面板上撒上面粉，擀开成为大大的薄面饼，将抹馅均匀地涂抹在面饼上。

5 从一头卷起，一边卷一边拉抻面饼（卷的圈数越多越好，这样做好的酥饼层数多），卷好后切成小段。

6 每个切好的面团用手将两头的截面捏拢，使馅不露在外面。面团竖着放在面板上，压扁。

7 用毛刷沾水在每个圆饼表面薄薄刷上一层，将刷了水的一面在白芝麻里压一下，使饼表面粘满白芝麻。放入烤盘中，加盖湿布静置 15 分钟。

8 预热烤箱 180℃，预热好后放入烤盘，上下火，中层，烤 20 分钟左右，直到表面变黄变酥即可出炉。

厨房
小语

1 将面团卷起来时，一边拉抻面团一边卷，这样卷出来的圈数更多，成品的层次也会更多。

2 面一定要和得软一些，因为面粉的吸水量不同，水可做调整，在允许的情况下尽可能多加一些水，做出的饼更松软可口。

孜然锅巴

小时候土灶的大锅饭，每次奶奶都会多烧一把火，吃完饭就有香香的锅巴，充满米香。烤箱版孜然锅巴，只需简单的调味，就很脆很香了。

做法

1 米饭放入保鲜袋中，用擀面杖等按压米饭，使米饭产生黏性。

2 米饭中加入蛋黄、孜然烧烤粉。

3 搅拌均匀。

4 把拌匀的米饭放入保鲜袋里，尽量擀薄。

5 烤盘中铺油纸，将擀好的米饭先撕开一面保鲜袋，刷一层食用油，反扣到烤盘中，再把上面的保鲜袋撕开，刷上食用油，用刀切成方块。

6 预热烤箱170℃，预热好后放入烤盘，上下火，中层，烤25分钟左右。烤箱30升以下的，要调低温度，烤制时间依自家烤箱调整。

食材

米饭 300 克，蛋黄 1 个。

调料

孜然烧烤粉 10 克，食用油 5 克。

烘焙

烤箱中层，上下火，170℃，约 25 分钟。

厨房小语

1 米饭不能太硬，要舂打出黏性，做出的锅巴才容易成形，也更加酥脆。

2 孜然烧烤粉本身含盐、孜然粉等调料，超市有售，也可购买其他口味的烧烤粉来做。

3 如果实在不能成形，将擀好的米饭放入冰箱冷冻，约20分钟后取出切条。冷冻的目的是为了好定型，方便切块。

DL-K40C 电烤箱

西式电器选东菱

- 电子精准控温
- 商用隐藏式发热管设计
- 家庭烘焙好选择

扫一扫二维码关注

"Donlim东菱"作为广东新宝电器股份有限公司（股票代码002705）的核心自主品牌，以"趣·享生活"的理念接轨全世界。主打面包机、烤箱、咖啡机、料榨、电热水壶等品类，并延伸到厨房电器、家用生活电器及部分家居舒适电器领域。